瑞锋无核 　　　　　　　　　　　　美人指

红意大利 　　　　　　　高　妻 　　　　　　　夏　黑

瑞都香玉 瑞都早红

京　秀 瑞都红玉

V形架独蔓整形+避雨+防鸟网

葡萄防雹防鸟网及园艺地布

篱棚架

T形架

篱架独蔓整形（倒L形）树形（适宜于埋土栽培区）

北方温室葡萄直立主干水平龙蔓栽培

蓟马活体压片（腹面）

蓟马若虫及为害状

绿盲蝽

葡萄白粉病

葡萄霜霉病（背面）

葡萄霜霉病（正面）

最受欢迎的种植业精品图书

ZUI SHOU HUANYING DE ZHONGZHIYE JINGPIN TUSHU

葡萄

标准化栽培

PUTAO BIAOZHUNHUA ZAIPEI

徐海英　闫爱玲　张国军　孙　磊　编著

第 2 版

中国农业出版社

第 2 版编写人员

徐海英　　闫爱玲

张国军　　孙　磊

第 1 版编写人员

徐海英　　闫爱玲

张国军

目 录

第一章

标准化生产的概念和意义

一、概　　念

（一）标准和标准化

标准化是指为在一定的范围内获得最佳秩序，对实际的或潜在的问题制定共同的和重复使用的规则的活动。它包括制定、发布及实施标准的过程。标准化的重要意义是改进产品、过程和服务的适用性，防止贸易壁垒，促进技术合作。

"通过制定、发布和实施标准，达到统一"是标准化的实质。"获得最佳秩序和社会效益"则是标准化的目的。

标准是指为在一定的范围内获得最佳秩序，对活动或其结果规定共同的和重复使用的规则、导则或特性的文件。该文件需经协商一致制定并经一个公认机构的批准。标准应以科学、技术和经验的综合成果为基础，以促进最佳社会效益为目的。

农业标准化是以农业为对象的标准化活动，即运用"统一、简化、协调、选优"原则，通过制定和实施标准，把农业产前、产中、产后各个环节纳入标准生产和标准管理的轨道。

农业标准化是农业现代化建设的一项重要内容，是"科技兴农"的载体和基础。它通过把先进的科学技术和成熟的经验组装成农业标准，推广应用到农业生产和经营活动中，把科技成果转化为现实的生产力，从而取得经济、社会和生态的最佳效益，达到高产、优质、高效的目的。它融先进的技术、经济、管理于一体，使

1

农业发展科学化、系统化，是实现新阶段农业和农村经济结构战略性调整的一项十分重要的基础性工作。

（二）葡萄标准化栽培

葡萄标准化栽培技术的主要内容如下：

1. 高标准建立葡萄园 高标准建园是实行标准化葡萄栽培的基础，包括园地环境质量标准、品种选择、架式和栽培方式选择等。

2. 根据葡萄生长结果表现，确定合理的管理技术参数 按照"控产保质"的定向栽培要求，应根据葡萄园具体情况，如品种、树龄、生长势、栽培管理条件及萌芽率、结果枝率、新梢结实率、平均果穗重、平均果粒重等生长结果表现，在产量指标适度的基础上，确定合理的植株负载量，即留芽、留梢、留果量，为优质丰产奠定基础。为此，需要仔细观察葡萄的生长结果表现，进行必要的系统调查总结和科学研究工作。

3. 制订和应用规范化的栽培技术 包括规范化的整形修剪技术、花序整形和疏花疏果、科学的肥水管理、病虫害的综合防治以及适期采收葡萄等。其中肥水管理和病虫害防治方法是决定产品安全等级的重要因素。

根据葡萄生产的产地环境、生产方式及产品的安全标准不同，分为无公害、绿色和有机三种等级。通过不同的安全标识向消费者明示葡萄产品的安全级次，让消费者放心。

（三）无公害标准和无公害葡萄生产

无公害标准是农业标准化生产的重要标准之一，在生产过程中允许限量、限品种、限时间使用人工合成的安全化学农药、化肥、兽药、渔药、饲料添加剂等，但在上市检测时不得超标。无农药残毒。

无公害葡萄生产是指产地环境、生产过程和产品质量均符合国家有关标准和规范的要求，所生产的未经加工或者初加工的葡萄产品必须符合无公害农产品标准，经认证合格获得认证证书并允许使用无公害农产品标志。

无公害葡萄产品是对葡萄产品的基本要求，严格地说，一般葡萄产品都应达到这一要求。

与无公害葡萄生产有关的主要国家标准或行业标准有：

国标 GB 18406.2—2001 农产品安全质量 无公害水果安全要求

国标 GB/T 18407.2—2001 农产品安全质量 无公害水果产地环境要求

国家农业行业标准 NY 5087—2002 无公害食品 鲜食葡萄产地环境条件

国家农业行业标准 NY 5088—2002 无公害食品 鲜食葡萄生产技术规程

（四）绿色标准和绿色葡萄生产

绿色标准也是农产品标准化生产的重要标准，在生产过程中不使用化学合成的农药、肥料、食品添加剂、饲料添加剂、兽药及有害于环境和人体健康的生产资料，而是通过使用有机肥、种植绿肥、作物轮作、生物或物理方法等技术，培肥土壤、控制病虫草害，保护或提高产品品质，从而保证产品质量符合绿色产品标准要求。

绿色葡萄生产是指遵循可持续发展原则、按照特定生产方式生产、经专门机构认定、许可使用绿色食品标志的无污染的葡萄及其加工产品。

可持续发展原则的要求是，生产的投入量和产出量保持平衡，既要满足当代人的需要，又要满足后代人同等发展的需要。

绿色农产品在生产方式上对农业以外的能源采取适当的限制，

以更多地发挥生态功能的作用。

我国的绿色食品分为 A 级和 AA 级两种。

◇ AA 级绿色食品系指生产地的环境质量符合国家绿色食品产地环境质量标准的要求，生产过程中不使用化学合成的肥料、农药、兽药、饲料添加剂、食品添加剂和其他有害于环境和身体健康的物质，按有机生产方式生产，产品质量符合绿色食品产品标准，经专门机构认定，许可使用 AA 级绿色食品标志的产品。

◇ A 级绿色食品系指生产地的环境质量符合国家绿色食品产地环境质量标准的要求，生产过程中严格按照绿色食品生产资料使用准则和生产操作规程要求，限量使用限定的化学合成生产资料，产品质量符合绿色食品产品标准，经专门机构认定，许可使用 A 级绿色食品标志的产品。

其中 A 级绿色食品生产中允许限量使用化学合成生产资料，AA 级绿色食品则较为严格地要求在生产过程中不使用化学合成的肥料、农药、兽药、饲料添加剂、食品添加剂和其他有害于环境和健康的物质。按照农业部发布的行业标准，AA 级绿色食品等同于有机食品。

绿色葡萄产品与一般产品相比具有以下显著特点：

（1）利用生态学的原理，强调产品出自良好的生态环境。

（2）对产品实行"从土地到餐桌"全程质量控制。

与绿色葡萄生产有关的主要国家农业行业标准有：

NY/T 391—2013　绿色食品　产地环境质量标准

NY/T 393—2013　绿色食品　农药使用准则

NY/T 394—2013　绿色食品　肥料使用准则

NY/T 658—2002　绿色食品　包装通用准则

NY/T 274—2004　绿色食品　葡萄酒（代替NY/T 274—1995、NY/T 275—1995、NY/T 276—1995、NY/T 277—1995、NY/T 278—1995）

NY/T 844—2010　绿色食品　温带水果（代替NY/T 844—2004，NY/T 428—2000　绿色食品　葡萄等）

（五）有机标准和有机葡萄生产

◇ 有机标准是一种完全不用或基本不用人工合成的化肥、农药、生长调节剂和牲畜饲料添加剂的生产体系。有机农业在可行范围内尽量依靠作物轮作、秸秆、牲畜粪肥、豆科作物、绿肥、场外有机废料、含有矿物养分的矿石补偿养分，利用生物和人工技术防治病虫草害。

◇ 有机葡萄生产是指根据有机农业原则和有机农产品生产方式及标准生产、加工出来的，并通过有机食品认证机构认证的葡萄及加工产品。其目标是通过采用天然材料和与环境友好的农作方式，恢复生产系统物质能量的自然循环与平衡，并通过品种的选择、轮作、混作和间作的配合、水资源管理与栽培方式的应用，保护土壤资源，创造可持续发展的生产能力，创造人类与万物共享的生态环境。

有机农业的原则是，在农业能量的封闭循环状态下生产，全部过程都利用农业资源，而不是利用农业以外的能源（化肥、农药、生长调节剂和添加剂以及通过基因工程获得的生物及其产物等）影响和改变农业的能量循环。

有机农业生产方式是利用动物、植物、微生物和土壤4种生产因素的有效循环，不打破生物循环链的生产方式。

有机农产品是纯天然、无污染、安全营养的食品，也可称为"生态食品"。

有机葡萄生产主要有如下三个特点：

（1）在生产加工过程中禁止使用农药、化肥、激素等人工合成物质，并且不允许使用基因工程技术。

（2）在土地生产转型方面有严格规定。考虑到某些物质在环境中会残留相当一段时间，土地从生产其他农产品到生产有机农产品需要2～3年的转换期，而生产绿色农产品和无公害农产品则没有土地转换期的要求。

（3）在数量上须进行严格控制，要求定地块、定产量，其他农产品没有如此严格的要求。

国家环境保护总局于 2001 年 12 月 25 日发布了《有机食品技术规范》，2005 年 1 月 19 日，国家质量监督检验检疫总局和国家标准化管理委员会联合发布了国家标准《GB/T 19630.1～19630.4—2005 有机产品》，2011 年更新后，2012 年 3 月 1 日正式实施。但到目前为止，还没有专门针对有机葡萄生产的强制性国家标准或行业标准出台，所以目前的有机葡萄生产参照《GB/T 19630.1～19630.4—2011 有机产品》执行。

（六）有机农产品与无公害农产品、绿色食品的区别

无公害农产品、绿色食品、有机农产品，总的来看都是农产品质量安全的一个重要组成部分，它们的区别主要有以下几个方面：

（1）有机农产品在生产加工过程中禁止使用农药、化肥、激素等人工合成物质，并且不允许使用基因工程技术；其他农产品则允许有限使用这些物质，一般也不禁止使用基因工程技术。

（2）有机农产品在土地生产转型方面有严格规定。考虑到某些物质在环境中会残留相当一段时间，土地从生产其他农产品到生产有机农产品需要 2～3 年的转换期，而生产绿色农产品和无公害农产品则没有土地转换期的要求。

（3）有机农产品在数量上须进行严格控制，要求定地块、定产量，无公害农产品、绿色食品没有如此严格的要求。有机食品的生产需要建立全新的生产体系，采用相应的替代技术。

（4）无公害农产品是中国普通农产品的质量水平，属公益性的，解决基本的安全问题，满足的是大众消费。绿色食品已达到发达国家普通食品质量水平，目标是提高生产水平，满足更高需求、增强市场竞争力，绿色食品的市场份额主要在大中城市部分高收入人群，同时也有一部分出口的市场份额。有机农产品采取市场化运

作方式，主要是瞄准国际市场来发展。有机是一个理性概念，注重保持良好生态环境，强调人与自然的和谐共生。

（5）无公害农产品是政府运作，公益性认证；认证标志、程序，产品目录等由政府统一发布；产地认定与产品认证相结合。绿色食品采取政府推动、市场运作，质量认证与商标转让相结合。无公害农产品和绿色食品均是依据标准，强调从土地到餐桌的全过程质量控制；检查检测并重，注重产品质量。有机认证的方式主要是按照国际通行的做法，实行检查员制度，国外通常只进行检查；国内一般以检查为主，检测为辅，注重生产方式和过程；是社会化的经营性认证行为；因地制宜、市场运作。

二、葡萄标准化生产的目的和意义

1. 实施标准化生产，提高葡萄产品的食用安全性　随着我国人民生活水平的不断提高，人们的健康意识和环境意识也不断增强，安全、健康已逐渐成为人们选择食品的首要原则。标准化生产过程中对肥料和农药的使用进行了严格的控制，特别禁止使用高毒、高残留的农药和其他化学制剂。无公害、绿色、有机葡萄生产从不同层次规定了葡萄生产产地环境、生产方式及产品的安全标准，通过不同的安全标识向消费者明示葡萄产品的安全级次，让消费者放心。

2. 实施标准化生产，提高葡萄产品品质　葡萄标准化栽培技术倡导实行"葡萄定向栽培"，有明确的品质要求，注重商品性；确定适度的丰产指标，不盲目追求高产；规定了葡萄的生产过程，采用规范化的栽培技术，对葡萄果品及加工产品的安全等级、外观、品质和风味进行等级评价，真正实现优质优价，提高我国葡萄产品的国际竞争力。

（1）改善风味　通过控制甚至完全拒绝使用化学品，而代之以农业资源、有机物质等，使产品风味得到明显改善，葡萄施用化肥果粒虽然较大，但有时会有明显的药斑，风味变淡。通过减少化学

品的使用，使果实干物质含量增加，风味浓郁。

（2）营养成分　有机食品未必比传统食品更有营养，但有机食品不用人工杀虫剂、除草剂、杀菌剂及化学肥料，产品较为卫生安全。由于有机农产品全部采用有机质栽培，它所吸收的养分也与施用化肥者不同，通常有机农产品的锰含量较低，其他如锌、铜、镍等金属含量有时候也较低。有机栽培的水果其糖度、酸度及矿物质含量较高，水分含量较低。

（3）硝酸盐含量　大量施用化学氮肥，产品中的硝酸根与亚硝酸根含量可能会累积，有机栽培主要使用有机肥料，基本没有这种风险。

（4）延长农产品贮存期限　有机农产品的耐贮藏性增强，可能与可溶性固形物、糖分、矿物质含量提高有关。

3. 实施标准化栽培，保护和改善生态环境　地球资源的日渐匮乏，经济增长与生态环境破坏之间的矛盾使人们越来越认识到可持续发展道路的重要性。现代化农业带来了一系列社会问题，如严重的土壤侵蚀，农药和化肥的大量使用给环境造成的污染，能源危机，生物多样性减少等。绿色和有机农业生产是农产品安全、健康、环保的最高境界，开发有机、绿色食品将促进农业、农村的可持续发展。

（1）降低对环境的污染　栽培抗病虫品种防治病虫害，或利用天敌、微生物制剂取代农药，或以套袋、诱杀板、捕虫灯等物理方法防治病虫害，并以有机质肥料取代化学肥料，可避免河流、湖泊、水库农药累积或富营养化现象，确保水源品质，减少对环境的负担。

（2）农业废弃物回收，再生资源利用　农作物残渣、稻壳、家禽畜排泄物等农畜废弃物，处理不当会造成环境污染，如将这些农业废弃物经充分发酵后转化为有机质肥料，再施于田间，不仅可有效处理这些农业废弃物，并可改良土壤性质，以及提供农作物生育所需的氮、磷、钾肥，降低化学肥料用量。

（3）改进空气质量　化学氮肥大量的使用会产生氧化亚氮

（N$_2$O），破坏大气中平流层的臭氧层，使得紫外线穿透大气层直达地面的量增高，将危及地球上的生物，减少或不使用氮肥可以有助于减少 N$_2$O 形成量。

（4）防止土壤冲蚀　有机农业讲求混作、间作、轮作，土壤覆盖比较完全，避免雨水直接冲刷，而且使用有机质增加土壤渗透力及保水力，可有效防止土壤冲蚀。

4. 实施绿色和有机栽培，突破"绿色壁垒"，增强国际竞争力
进入 21 世纪，国际市场更加一体化，尤其是中国加入 WTO 后，国家关税和配额对农产品进口的调配作用越来越小，而且国际市场更加关注农产品的生产环境、种植方式和内在质量。实际上，随着人们对环境的日益关注，一些已经订有标准的国家正不断提高标准，另一些原来尚未制定标准的国家也相继制定标准，因此就会使这一类的技术性标准越来越高，也越来越普及。这对于出口国来说，尤其是对发展中国家，必将成为市场准入的极大限制。由于一些发展中国家或地区经济的起飞，在诸多领域已经成为发达国家激烈的竞争对手，为了摆脱竞争，某些发达国家利用世界日益高涨的绿色浪潮，筑起非关税的"绿色壁垒"，限制或禁止外国商品的进口，以达到其贸易保护主义的目的。

在当前国际贸易中，绿色壁垒已成为最重要的壁垒之一。不采取积极的措施以应对绿色壁垒，在国际市场上就会是寸步难行，而大力发展以有机农业为主的绿色经济，提升我国农产品的国际竞争能力，才是应对绿色壁垒更为根本的措施，这就需要大力开发有机产品、实施绿色生产、铸造绿色品牌等。

此外，绿色和有机生产是一种劳动密集型并含有大量高新技术的产业，由于劳动力价格昂贵，在发达国家生产有机食品成本高，而我国劳动力资源丰富，发展有机生产，生产绿色、有机食品既能增加农民收入更能增强我国农产品的国际竞争力。

第二章

葡萄标准化栽培的
产地环境条件

一、生态环境条件对葡萄的影响

直接影响葡萄的生长发育和果实品质的主要因子是温度、热量、降水量、光照、大气、风、霜、冰等，所以发展葡萄生产时，首先要考虑到当地的生态条件，并且要进行细致的调查。

（一）温度

葡萄属于喜温植物，在不同生长时期对温度要求不同，春季当气温达到7～10℃时，葡萄根系开始活动，温度达到10～12℃时开始萌芽。植株生长、开花、结果和花芽分化的适宜温度为25～30℃；低于10℃时新梢不能正常生长，低于14℃时葡萄不能正常开花和授粉受精。葡萄成熟的最适温度是28～32℃，在这样的条件下，有利于浆果的糖分积累和有机酸的分解。低于14℃时，果实成熟缓慢，高于35℃时，呼吸强度大，营养消耗过多，浆果内含物生化过程受阻，品质下降。不同成熟期的葡萄品种对有效积温的要求有所差异，早熟品种有效积温需要2 500～2 900℃，中熟品种如玫瑰香、巨峰等需要2 900～3 300℃，晚熟品种如红地球等需要3 300～3 700℃。

（二）降水量和水分

年降水量在350～1 500毫米的地区都能栽培葡萄。水分对葡萄生长和果实品质有很大的影响，在葡萄生长期，如土壤过分干旱，根系难以从土壤中吸收水分，葡萄叶片光合作用速率低，制造养分少，也常导致植株生长量不足，易出现老叶黄化，甚至植株凋萎死亡。因此，在早春葡萄萌芽、新梢生长期、幼果膨大期要求有充足的水分供应，使土壤含水量达 70% 左右为宜。在葡萄开花期，如果天气连续阴雨低温，就会阻碍正常开花授粉，引起幼果脱落。果实成熟期雨水过多，会引起葡萄果实糖分降低，出现裂果，严重影响果实品质。

（三）光照

葡萄是喜光植物，对光反应敏感。在充足的光照条件下，植株生长健壮，叶色绿，叶片厚，光合效能高，花芽分化好，枝蔓中积累有机养分多。如果光照不足，新梢节间细而长，叶片黄而薄，花器分化不良，花序瘦弱，花蕾小，落花落果严重，果实品质差，枝蔓不能成熟，越冬时，枝芽易受冻害。

（四）土壤

葡萄对土壤的适应性较强，除了沼泽地和重盐碱地不适宜生长外，其余各类型土壤都能栽培。葡萄最适的是土质疏松、肥沃、通气良好的沙壤土和砾质壤土。葡萄对土壤酸碱度的适应幅度较大，一般在 pH6.0～7.5 时葡萄生长最好。南方丘陵山地黄红壤土壤 pH 低于 5 时，对葡萄生长发育有影响。海滨盐碱地 pH 高于 8 时，植株易产生黄化病（缺铁等）。因此，要重视对土壤改良措施，增施有机肥、压绿肥。对酸性土掺石灰，碱性土掺石膏以调节土壤的酸碱度，提高土壤中的微生物活动和有机质的含量。

二、有机农作物生产对产地环境的质量要求

目前我国尚无葡萄有机产品生产强制性的国家标准出台，国家环境保护总局于 2001 年 12 月 25 日发布了《有机食品技术规范》，对有机食品生产、加工、贸易和标识提出了基本要求，也是此前我国有机食品认证机构从事有机食品认证的基本依据。2005 年 1 月 19 日国家质量监督检验检疫总局和国家标准化管理委员会正式发布了国家标准《GB/T 19630.1～19630.4—2005 有机产品》，对有机产品生产、加工、标识与销售以及管理体系进行了规范。该标准于 2011 年进行了修订。其中《GB/T 19630.1—2011 有机产品第一部分：生产》规定了农作物、食用菌等及其未加工产品的有机通用规范和要求，要求有机农作物种植基地应远离城区、工矿区、交通主干线、工业污染源、生活垃圾场等。基地的环境质量应符合以下要求：

（1）土壤环境质量符合 GB 15618—2009 中的二级标准（表 2-1）。

表 2-1　土壤无机污染物的环境质量第二级标准值

（毫克/千克）

序号	污染物	农业用地按 pH 分组				居住用地	商业用地	工业用地
		≤5.5	5.5～6.5	6.5～7.5	>7.5			
1	总镉					10	20	20
	水田	0.25	0.30	0.50	1.0			
	旱地	0.25	0.30	0.45	0.80			
	菜地	0.25	0.30	0.40	0.60			
2	总汞					4.0	20	20
	水田	0.20	0.30	0.50	1.0			
	旱地	0.25	0.35	0.70	1.5			
	菜地	0.20	0.3	0.4	0.8			

（续）

序号	污染物	农业用地按 pH 分组				居住用地	商业用地	工业用地
		≤5.5	5.5～6.5	6.5～7.5	>7.5			
3	总砷					50	70	70
	水田	35	30	25	20			
	旱地	45	40	30	25			
	菜地	35	30	25	20			
4	总铅					300	600	600
	水田、旱地	80	80	80	80			
	菜地	50	50	50	50			
5	总铬					400	800	1 000
	水田	220	250	300	350			
	旱地、菜地	120	150	200	250			
6	六价铬	—	—	—	—	5.0	30	30
7	总铜					300	500	500
	水田、旱地、菜地	50	50	100	100			
	果园	150	150	200	200			
8	总镍					150	200	200
	水田、旱地	60	80	90	100			
	菜地	60	70	80	90			
9	总锌	150	200	250	300	500	700	700
10	总硒	3.0				40	100	100
11	总钴	40				50	300	300
12	总钒	130				200	250	250
13	总锑	10				30	40	40
14	稀土总量	一级标标值+5.0	一级标标值+10	一级标标值+15	一级标标值+20	—		
15	氟化物（以 F 计）	暂定水溶性氟 5.0				1 000	2 000	2 000
16	氰化物（以 CN 计）	1.0				20	50	50

（2）农田灌溉用水水质符合 GB 5084—2005 的规定（表 2-2，表 2-3）。

表 2-2   农田灌溉用水水质基本控制项目标准值

序号	项目类别		作物种类		
			水作	旱作	蔬菜
1	五日生化需氧量，毫克/升	≤	60	100	40[a]，15[b]
2	化学需氧量，毫克/升	≤	150	200	100[a]，60[b]
3	悬浮物，毫克/升	≤	80	100	60[a]，15[b]
4	阴离子表面活性剂，毫克/升	≤	5	8	5
5	水温，℃	≤	25		
6	pH		5.5～8.5		
7	全盐量，毫克/升	≤	1 000[c]（非盐碱土地区），2 000[c]（盐碱土地区）		
8	氯化物，毫克/升	≤	350		
9	硫化物，毫克/升	≤	1		
10	总汞，毫克/升	≤	0.001		
11	镉，毫克/升	≤	0.01		
12	总砷，毫克/升	≤	0.05	0.1	0.05
13	铬（六价），毫克/升	≤	0.1		
14	铅，毫克/升	≤	0.2		
15	每100毫升粪大肠菌群数，个	≤	4 000	4 000	2 000[a]，1 000[b]
16	蛔虫卵数，个/升	≤	2		2[a]，1[b]

注：a 加工、烹调及去皮蔬菜。

b 生食类蔬菜、瓜类和草本水果。

c 具有一定的水利灌排设施，能保证一定的排水和地下水径流条件的地区，或有一定淡水资源能满足冲洗土体中盐分的地区，农田灌溉水质全盐量指标可以适当放宽。

表 2-3   农田灌溉用水水质选择性控制项目标准值

序号	项目类别		作物种类		
			水作	旱作	蔬菜
1	铜，毫克/升	≤	0.5		1
2	锌，毫克/升	≤	2		

（续）

序号	项目类别		作物种类		
			水作	旱作	蔬菜
3	硒，毫克/升	≤	0.02		
4	氟化物，毫克/升	≤	2（一般地区），3（高氟区）		
5	氰化物，毫克/升	≤	0.5		
6	石油类，毫克/升	≤	5	10	1
7	挥发酚，毫克/升	≤	1		
8	苯，毫克/升	≤	2.5		
9	三氯乙醛，毫克/升	≤	1	0.5	0.5
10	丙烯醛，毫克/升	≤	0.5		
11	硼，毫克/升	≤	1[a]（对硼敏感作物），2[b]（对硼耐受性较强的作物），3[c]（对硼耐受性强的作物）		

注：a 对硼敏感作物，如黄瓜、豆类、马铃薯、笋瓜、韭菜、洋葱、柑橘等。
b 对硼耐受性较强的作物，如小麦、玉米、青椒、小白菜、葱等。
c 对硼耐受性强的作物，如水稻、萝卜、油菜、甘蓝等。

（3）环境空气质量符合 GB 3095—2012 中二级标准和 GB 9137 的规定（表 2-4、表 2-5、表 2-6）。

表 2-4　空气污染物基本项目浓度限值

序号	污染物项目	平均时间	浓度限值		单位
			一级	二级	
1	二氧化硫（SO_2）	年平均	20	60	微克/米³
		24 小时平均	50	150	
		1 小时平均	150	500	
2	二氧化氮（NO_2）	年平均	40	40	
		24 小时平均	80	80	
		1 小时平均	200	200	

（续）

序号	污染物项目	平均时间	浓度限值 一级	浓度限值 二级	单位
3	一氧化碳（CO）	24 小时平均	4	4	毫克/米³
		1 小时平均	10	10	
4	臭氧（O₃）	日最大 8 小时平均	100	160	
		1 小时平均	160	200	
5	颗粒物（粒径小于等于 10 微米）	年平均	40	70	微克/米³
		24 小时平均	50	150	
6	颗粒物（粒径小于等于 2.5 微米）	年平均	15	35	
		24 小时平均	35	75	

表 2-5　空气污染物其他项目浓度限值

序号	污染物项目	平均时间	浓度限值 一级	浓度限值 二级	单位
1	总悬浮颗粒物（TSP）	年平均	80	200	
		24 小时平均	120	300	
2	氮氧化物（NOₓ）	年平均	50	50	
		24 小时平均	100	100	
		1 小时平均	250	250	微克/米³
3	铅（Pb）	年平均	0.5	0.5	
		季平均	1	1	
4	苯并［a］芘（BaP）	年平均	0.001	0.001	
		24 小时平均	0.002 5	0.002 5	

表 2－6　保护农作物的大气污染物最高允许浓度

污染物	作物敏感程度	生长季平均浓度①	日平均浓度②	任何一次③	农作物种类
二氧化硫④	敏感作物	0.05	0.15	0.50	冬小麦、春小麦、大麦、荞麦、大豆、甜菜、芝麻 菠菜、青菜、白菜、莴苣、黄瓜、南瓜、西葫芦、马铃薯 苹果、梨、葡萄 苜蓿、三叶草、鸭茅、黑麦草
	中等敏感作物	0.08	0.25	0.70	水稻、玉米、燕麦、高粱、棉花、烟草 番茄、茄子、胡萝卜 桃、杏、李、柑橘、樱桃
	抗性作物	0.12	0.30	0.80	蚕豆、油菜、向日葵 甘蓝、芋头 草莓
氟化物⑤	敏感作物	1.0	5.0		冬小麦、花生 甘蓝、菜豆 苹果、梨、桃、杏、李、葡萄、草莓、樱桃、桑 紫花苜蓿、黑麦草、鸭茅
	中等敏感作物	2.0	10.0		大麦、水稻、玉米、高粱、大豆 白菜、芥菜、花椰菜 柑橘 三叶菜
	抗性作物	4.5	15.0		向日葵、棉花、茶 茴香、番茄、茄子、辣椒、马铃薯

注：①"生长季节平均浓度"为任何一个生长季的日平均浓度值不许超过的限值。
②"日平均浓度"为任何一日的平均浓度不许超过的限值。
③"任何一次"为任何一次采样测定不许超过的浓度限值。
④二氧化硫浓度单位为毫克/米³。
⑤氟化物浓度单位为微克/（分米²·天）。

（4）避免在废水污染源和固体废弃物（如：废水排放口、污水处理池、排污渠、重金属含量高的污灌区和被污染的河流、湖泊、水库以及冶炼废渣、化工废渣、废化学药品、废溶剂、尾矿粉、煤矸石、炉渣、粉煤炭、污泥、废油及其他工业废料、生活垃圾等）周围进行有机农业生产。

（5）严禁未经处理的工业废水、废渣、城市生活垃圾和污水等废弃物进入有机农业生产用地，采取严格措施防止可能来自系统外的污染。

（6）当农业土地位于重要的污染源附近时，认证机构必须通过残留物分析检查食物和土壤质量，并应做出减少污染的可能方法的建议，特别应重视灌溉用水。还应采取一切可能的措施来防止来自农场外部的偶然污染（例如风吹等）。如果采取了预防措施，产品仍被污染了，那么它就不能被认定为有机产品，有机农业的产品不允许有污染物残留。温室中建议使用节能供热系统。

以上引用的是《GB/T 19630.1—2011 有机产品 第一部分：生产》对农作物有机生产的通用规范和要求，在有机葡萄生产时参照执行。

三、无公害和绿色葡萄生产对产地环境的质量要求

我国近几年来制定了一系列无公害和绿色食品生产的国家或行业标准，其中国家农业行业标准《NY 5087—2002 无公害食品鲜食葡萄产地环境条件》规范了无公害葡萄生产的基本环境质量，在无公害葡萄生产时，要严格按该规范选择基地。国家农业行业标准《NY/T 391—2013 绿色食品 产地环境技术条件》是对绿色食品生产环境条件的通用规范，在进行绿色葡萄生产时可参照执行。

1. 产地环境空气质量要求 产地环境空气质量应符合表2-7的规定。

表 2-7　空气中各项污染物的浓度限值

项　目	浓度限值			
	日平均[①]		1 小时平均[②]	
	无公害	绿色	无公害	绿色
总悬浮颗粒物（TSP）（标准状态），毫克/米³ ≤	0.3	0.3	—	—
二氧化硫（SO_2）（标准状态），毫克/米³ ≤	0.15	0.15	0.5	0.5
二氧化氮（NO_2）（标准状态），毫克/米³ ≤	0.12	0.08	0.24	0.20
氟化物（F）（标准状态）≤	月平均 10 微克/米³	7 微克/米³		20 微克/米³
		1.8 微克/（分米²·天）		—

注：①日平均指任何一日的平均浓度。

②1 小时平均指任何 1 小时的平均浓度。

　　葡萄园的地址必须远离主要公路沿线 500 米以上，远离电厂、电站、化工厂、水泥厂、轻工业工厂、冶金厂、供暖锅炉、煤窑、炼焦厂、农村砖瓦窑厂等单位，以减少粉尘、二氧化硫、二氧化氮及氟化物的污染。

　　2. 农田灌溉水质量　产地农田灌溉水质量应符合表 2-8 的规定。

　　要达到以上要求，葡萄园址不但应远离造纸厂、制碱厂、电镀厂、洗染纺织厂、化工厂、居民区、医院、食品加工厂、屠宰厂、洗煤厂、制革厂、脱脂棉厂等单位，而且对水源应检查污染状况。如果采用河水灌溉，应检查上游的工厂排放污水情况；如采地下水灌溉，应注意调查工厂用渗坑、渗井、管道、明渠、暗流等形式排放有害污水，污染地下水源问题。另外，工厂堆放废渣场所，使废渣垃圾扬散、流失、渗漏地下，同样造成地下水污染。对含汞、镉、

表 2-8   农田灌溉水中各项污染物的浓度限值

项　目		浓度限值	
		无公害	绿色
pH	≤	5.5~8.5	5.5~8.5
总汞，毫克/升	≤	0.001	0.001
总镉，毫克/升	≤	0.005	0.005
总砷，毫克/升	≤	0.1	0.05
总铅，毫克/升	≤	0.1	0.1
铬（六价），毫克/升	≤	0.1	0.1
氟化物，毫克/升	≤	3	2
氰化物，毫克/升	≤	0.5	
石油类，毫克/升	≤	10	

铅、砷等可溶性剧毒废渣，采用掩埋方式或排入地面水中，必须禁止。城市居民生活废水中含有大量悬浮物质、油膜和浮沫、异臭等必须消毒。其排水地点应在上游 1 000 米以上，下游 100 米以外。

3. 产地土壤环境质量　产地土壤质量应符合表 2-9 的规定。

表 2-9   土壤中各项污染物的含量限值

项　目		含量限值					
		pH＜6.5		pH6.5~7.5		pH＞7.5	
		无公害	绿色	无公害	绿色	无公害	绿色
总镉，毫克/千克	≤	0.3	0.3	0.3	0.3	0.6	0.4
总汞，毫克/千克	≤	0.3	0.25	0.5	0.3	1	0.35
总砷，毫克/千克	≤	40	25	30	20	25	20
总铅，毫克/千克	≤	250	50	300	50	350	50
总铬，毫克/千克	≤	150	120	200	120	250	120
总铜，毫克/千克	≤	400	50	400	60	400	60

第三章

葡 萄 良 种

一、鲜食品种

（一）无核品种

1. 爱神玫瑰 欧洲种。北京市农林科学院林业果树研究所育成的极早熟无核品种。果穗圆锥形，平均穗重 220.3 克，最大穗重 390 克，中等紧密。果粒椭圆形，红紫或紫黑色。平均粒重 2.3 克，最大粒重 3.5 克。果皮韧，中等厚度。肉质中等，无肉囊，果汁中。味酸甜，有玫瑰香味。无种子。可溶性固形物含量为17%～19%，鲜食品质上等。植株生长势较强。早果性强。在北京地区，7 月 26～28 日浆果成熟。浆果成熟极早。抗逆性中等。

该品种成熟期极早，果实品质佳，玫瑰香味较浓，无核。为一优良的极早熟无核鲜食品种。适宜微酸性沙壤土，喜钾肥；长中短梢混合修剪，棚架、篱架栽培均可。抗病性较强，多雨季节注意防治霜霉病。可作城近郊区观光采摘品种。

2. 京早晶 欧亚种。中国科学院北京植物园用葡萄园皇后与无核白杂交育成的早熟无核品种。果穗大，平均穗重 427.6 克，最大 1 150 克，果粒着生中等紧密。平均单粒重 2.5～3 克，最大粒重 5 克，椭圆形或卵圆形，绿黄色。果皮薄而脆，果肉脆，无核，果汁多。酸甜适口，充分成熟后略有玫瑰香味，可溶性固形物含量为 16.4%～20.3%，含酸量为 0.47%～0.62%，品质上等。生长势强，在北京地区 8 月初果实充分成熟，抗病力中等，果刷较短，

挂树期不宜过长。

该品种成熟早,无核,穗粒形色都很美,且肉脆味甜,是优良的早熟无核品种。其果实不仅可供鲜食,而且也可做制干和制罐的原料。宜棚架栽培,中、长梢修剪。由于花序大,坐果好,易形成大果穗,宜花后摘心,花后15天左右对果穗疏果。注意防病,适时采收。植株抗寒、抗旱力均强,但易感霜霉病和白腐病,适于在干旱或半干旱地区及城近郊发展,也可做保护地栽培。

3. 夏黑　欧美杂交种,原产日本。中早熟无核品种。

自然状态下落花落果重,果穗中等紧密,果粒近圆形,3克。赤霉素处理后坐果率提高,果粒着生紧密或极紧密;果穗果粒增大,平均穗重608克,最大穗重940克,平均粒重7.5克,最大粒重12克。紫黑到蓝黑色,颜色浓厚,着色容易。果皮厚而脆,无涩味。果粉厚。果肉硬脆,无肉囊。可溶性固形物含量20%～22%,味浓甜,有浓郁草莓香味。无籽。在北京地区8月中旬浆果成熟。树势强。抗病力强,不裂果,不脱粒。

该品种无核、抗病、着色好,处理后穗大粒大。常规栽培中可在盛花和盛花后10天用50毫克/千克的赤霉素处理2次,栽培容易。

4. 无核白鸡心　别名世纪无核、森田尼无核,欧亚种,原产美国。果穗大,长圆锥形,平均穗重620克,浆果着生中等紧密。果粒中等大,鸡心形,绿黄色或金黄色,自然生长条件下平均单粒重4.5克,经赤霉素处理后可达8克;果皮薄而韧,果肉硬而脆,果汁中多,略有香味,味甜;含糖量16%。植株生长势强,产量较高,抗病力中等,较抗霜霉病但不抗黑痘病和白腐病,在北京地区8月上旬成熟,为中早熟品种。

该品种成熟期较早、无核、粒大,外观和品质都很好,缺点是容易出现生长过旺的现象,且抗病能力偏弱。生产中宜采取棚架栽培,适当稀植,并注意肥水供应要均衡,少施氮肥。常规栽培中在开花后10天左右用25～50毫克/千克的赤霉素处理可增大果粒。注意防治白腐病。

5. 无核早红 欧美杂交种，别名 8611。由河北省农林科学院昌黎果树研究所用郑州早红与巨峰杂交培育的三倍体无核品种。果穗中等大，平均穗重 290 克，果粒重 4.5 克。经赤霉素处理后，单粒重可增大到 9.7 克，最大粒可达 19.3 克，果穗平均重增大到 650 克。果粒着生中等紧密，果皮粉红色或紫红色，果皮中等厚，色泽鲜艳，可溶性固形物含量 15% 左右，风味稍淡。华北露地栽培 7 月底至 8 月初成熟，在温室中 6 月上旬即可成熟上市，属早熟品种。

该品种对白腐病、炭疽病、霜霉病的抗性较强，在设施栽培中早果性、丰产性表现尤其突出，是北京、河北地区设施栽培中主要推广的品种。

6. 红标无核 欧美杂交种，别名 8612，是无核早红的姊妹系。果穗较松散，平均重 300 克。果粒近圆形，紫黑色，平均重 4.8 克，经赤霉素处理后果粒变为短椭圆形，单粒重可达 10 克左右，无核率 100%。果粉中等，果皮中等厚且韧，易剥离。果肉肥厚稍脆，味甜，含糖量 17%，略有玫瑰香味，品质上等。成熟后不裂果、不脱粒，较耐贮运。华北地区物候期与无核早红相似。

该品种生长旺盛，适宜采用棚架或高篱架栽培。

7. 优无核 别名美国黄提，原产美国，由绯红和未命名的无核品种杂交育成。1993 年引入我国。果穗大，平均重 800 克，最大果穗重 2 000 克。果粒为宽卵圆形，果粒中大，平均粒重可达 9.3 克，最大果粒 12 克，果实皮薄，果肉脆，汁多，果肉细而致密，略有玫瑰香味，甜酸适口，成熟期果皮微黄色，成熟后期为金黄色。含糖量 17%，耐贮运。在天津地区 8 月上中旬成熟。抗霜霉病、黑痘病、炭疽病，品质佳。

该品种生长旺盛，栽培时宜用棚架或 T 形篱架。开花后用赤霉素浸果穗两次，以促进果实膨大。

8. 莫利莎无核 欧亚种，原产美国。1999 年引入我国。果粒较大，平均单粒重 5.5 克，果粒着生中等紧密，果粒黄绿色，充分

成熟时呈金黄色，长椭圆形，果皮中厚，果肉硬脆，肉质细，味甜，具诱人的玫瑰香味，品质佳。含糖量 16％，耐贮运。在山东胶东地区 9 月上中旬果实成熟。中熟无核品种。适宜采用棚架或 T 形篱壁架整形。

9. 奇妙无核　别名神奇无核、幻想无核。欧亚种，原产美国，1998 年引入我国。果穗中等大，平均穗重 500 克，果粒着生中等紧密。果实黑色，长圆形，果粉厚；果粒大，自然状况下平均粒重 6～7 克，最大可达 8 克，果肉甜脆，中等硬度，果皮中厚，含糖量 16％～20％，品质佳，个别果实有残核。在济南地区 7 月中下旬成熟，属早熟无核品种。抗病性强，耐贮运。

该品种生长旺盛，最好采用棚架栽培。

10. 布朗无核　欧美杂交种，原产美国，1973 年引入我国。果穗大或较大，穗重 445～627 克。果粒着生紧密。果粒稍小，平均单粒重 3.2 克。椭圆形或近圆形，果皮淡玫瑰红色，果皮薄而韧，肉质软，果汁中等多，味酸甜，有草莓香味。可溶性固形物含量为 15％～16％，品质中上等。在北京地区果实成熟期为 8 月上旬。为早熟品种。其生长旺盛，棚架、篱架栽培均可，对黑痘病、炭疽病抵抗力强，对白腐病、霜霉病抵抗力较弱，生产中要及时防治。

适宜在郊区适量发展，也可在庭院中栽培。除鲜食外也可用于制汁。

11. 金星无核　别名维纳斯无核。欧美杂交种，原产美国，1983 年引入。果穗中等大，平均重 370 克。果粒平均重 4.2 克，圆形或椭圆形，果皮紫黑色，果粉厚，果皮中等厚，果皮与果肉易分离，果肉略软，多汁。可溶性固形物 16％～19％，品质一般，无核或有残存的种子。在沈阳地区 8 月 15 日浆果充分成熟。

该品种抗病性较强，且抗湿性较强，可在华中、华东地区栽植；适于棚架或篱架栽培。

12. 克瑞森无核　别名绯红无核、淑女红。欧亚种，原产美国，1998 年引入我国。果穗中等大，圆锥形有歧肩，平均穗重 500 克，果粒亮红色，具白色较厚的果粉，果粒椭圆形，平均粒重 4

克。果皮红色至紫红色，皮中厚，果味甜，可溶性固形物含量19%，品质上，不易落粒。在北京地区9月下旬成熟，果实耐贮运。

该品种宜用棚架或T形宽篱架栽培，中、短梢结合修剪。结果后可采用环剥与赤霉素处理等方法促进果粒增大。适合在无霜期超过165天以上管理条件良好的干旱和半干旱地区栽培。

13. 红宝石无核　欧亚种，原产美国，1987年引入我国。目前在山东、河北栽培较多。果穗大，一般重850克，最大穗1 500克，果粒较大，卵圆形，平均粒重4.2克，果粒大小整齐一致。果皮亮红紫色，果皮薄，果肉脆，可溶性固形物含量17%，味甜爽口。华北地区9月中下旬果实成熟，适应性较强，对土质、肥水要求不严，耐贮运性中等。

该品种生长旺盛，宜采用棚架或Y形篱架整形，中短梢修剪。可用赤霉素及环剥来增大果粒。

14. 皇家秋天　欧亚种，原产美国，1998年引入我国。果穗大、圆锥形，自然穗重1 000克左右，松散。果粒椭圆形，紫黑色，自然状况下平均粒重7克左右，以环剥和赤霉素处理，果粒可增大到12克，果肉脆甜，硬度适中，含糖量17%左右；有残核。果梗脆，晚断落掉粒。在山东莱西地区，9月下旬果实成熟。

该品种丰产性较好，但抗病力较弱，尤其易感染白腐病。适合在无霜期超过165天以上管理条件良好的干旱和半干旱地区栽培。

15. 瑞锋无核　欧美杂种。北京市农林科学院林业果树研究所育成的最新大粒无核葡萄新品种。

果穗圆锥形。自然状态下果穗松，200～300克，果粒近圆形，平均单粒重4～5克，果皮蓝黑色，果肉软，可溶性固性物含量17.93%，可滴定酸含量0.615%，无核或有残核。用赤霉素处理后坐果率明显提高，果穗紧，平均重753.27克，最大1 065克。果粒大幅度增大，近圆形，平均重11.17克，最大23克。果肉变硬。果粉厚，果皮韧，紫红色至红紫色，中等厚，无涩味，易离皮。果肉硬度中等，较脆，多汁。风味酸甜，略有草莓香味，可溶性固形

物含量为 16％～18％，平均 16.77％，可滴定酸含量 0.516％。果实不裂果，无籽率 100％。

该品种嫩梢和叶片绒毛极密是其主要形态特征。无核，大粒化处理敏感，处理后表现大粒、无核、优质。抗病性强，着色好，风味和肉质良好。丰产。栽培上注意加强肥水管理，培养强旺树势，后期多补充磷钾肥，以利枝条成熟充实。棚架、篱架栽培均可，长中短梢混合修剪。花前在果穗以上留 5～8 片叶摘心。盛花后 3～5 天和 10～15 天用赤霉素类果实膨大剂两次处理。坐果后进行果穗整理，每一果穗留果 50～60 粒较合理。在北京常规管理基本无病虫为害。适栽区同巨峰，能在我国大江南北广泛栽培。

16. 瑞都无核怡 欧亚种，北京市农林科学院林业果树研究所育成，无核品种。果穗圆锥形，有副穗，穗长 17.8 厘米，宽 12.3 厘米，平均单穗重 459.0 克，穗梗长 3.9 厘米，果梗长 0.7 厘米，果粒着生密度中等。果粒近圆形，纵径 24.3 毫米，横径 21.8 毫米，平均单重 6.2 克，最大单粒重 11.4 克。果粒大小较整齐一致，果皮紫红-红紫色，色泽一致。果皮薄，果粉薄，果皮较脆，无涩味。果肉无香味。果肉质地较脆，硬度中至硬，酸甜多汁。果梗抗拉力中等，可溶性固形物含量 16.2％。无种子。北京地区 9 月中下旬成熟。树势中，丰产和抗病性均较强，栽培容易。

17. 寒香蜜 欧美杂种。果穗圆锥形，单穗重 400～600 克，果粒圆形，着生紧密，平均单粒重 4 克左右，果皮浅粉红色，较厚，果粉中等厚，果肉软而多汁，含糖 18％左右，草莓香味浓，品质佳。

树势较强，结果率高，双穗率高，丰产性强，适于中短梢修剪，抗病抗寒性强，膨大处理，果穗果粒可增大至 8 克，果穗可达到 2 000 克。是露地和保护地栽培的优良品种。在北京 8 月中下旬成熟。

18. 无核翠宝 山西省农业科学院果树研究所育成。以瑰宝和无核白鸡心杂交培育而成的早熟无核新品种。

果穗圆锥形带歧肩，穗形整齐，大小适中，长 16.6 厘米、宽 8.6 厘米，平均单穗重 345 克，最大 570 克。果粒着生中等紧密，倒卵圆形，大小均匀，纵径 1.9 厘米，横径 1.7 厘米，平均单粒重

3.6 克，最大 5.7 克。果皮薄，黄绿色，果肉脆，味甜，具玫瑰香味。可溶性固形物含量为 17.20%，总糖为 15.70%，总酸为 0.39%，糖酸比为 40∶1，无种子或有 1～2 粒残核。在山西晋中地区，7 月下旬果实完全成熟，属早熟无核葡萄品种。适于在西北、华北及以南无霜期 120 天以上的地区推广种植。宜大棚架、水平棚架、Ｖ 形架栽培。成花容易，对修剪反应不敏感，长、中、短梢及极短梢修剪均可，产量一般应控制在 15 吨/公顷左右。抗霜霉病和白腐病能力较强，对白粉病较为敏感。

19. 碧香无核 吉林省农业科学院育成，2004 年审定。属欧亚种。

穗形整齐，果穗圆锥形带歧肩，平均单穗重 600 克。果粒圆形，黄绿色，平均单粒重 4 克；果皮较薄、脆、具弹性，与果肉不分离。具浓郁的玫瑰香味，肉脆，可溶性固形物含量 18%～22%。无核，果刷长不落粒，不裂果。早熟，在吉林地区 8 月上旬成熟。丰产性强。采用单干立架，短梢修剪。保护地优质栽培需采取摘穗肩、掐穗尖和套袋等果穗整形措施，加强根外钾肥的追施，注意防治绿盲蝽；露地早熟栽培注意防治黑痘病。

目前，多数无核葡萄品种在生产中都用赤霉素（GA）处理促进果实膨大，在无公害和绿色葡萄生产中可以使用，但在有机生产时禁止使用。

（二）有核品种

1. 早熟品种

（1）香妃 欧亚种，北京市农林科学院林业果树研究所育成的早熟鲜食葡萄新品种，2001 年审定。果穗较大，短圆锥形带副穗，平均重 322.5 克，穗形大小均匀，紧密度中等。果粒大，近圆形，平均重 7.58 克，最大 9.7 克。果皮绿黄色、薄、质地脆、无涩味，果粉厚度中等。果肉硬，质地脆、细，有极浓郁的玫瑰香味，含糖量 14.25%，总酸 0.58%。酸甜适口，香味诱人，细皮嫩肉，品质

极佳。树势中等，成花力强，坐果率高，早果性强，丰产。抗病力较强。多雨年份近成熟期果梗附近有环形裂果。在北京地区 8 月上旬完全成熟。

栽培管理技术要点：

①生长势中等偏旺，节间较短，棚、篱架栽培均可，中短梢修剪。壮枝结果好，所以要注意及时补充肥水，尤其是生长前期要补充氮肥，促其枝梢快速生长，提高坐果率。

②疏花疏果：成花能力极强，结果枝率 80％以上，每一个结果枝上有花序 2～4 个，花前要对结果枝进行常规摘心；疏去部分花序，每果枝留 1 个花序，最多 2 个花序；去掉留下的花序的副穗，花后再进行疏果，每果穗留 60 粒左右的果粒、每 667 米^2 产量控制在 1 500 千克左右为宜。

③成熟期多雨地区，坐果后 25 天以前对果穗套袋，前期干旱时注意适当灌水，尤其在果实开始软化期前应灌一次水，灌水后地面覆盖地膜，防止裂果。

④及时防病虫害：主要防治对象是霜霉病和炭疽病。

该品种果皮完全成熟时金黄色，果粒大，成熟期早，果实肉质脆，玫瑰香味浓。大果粒和优良的品质风味为现有早熟品种所不及。大粒和优质保证了该品种的市场竞争力，是适宜于保护地栽培的优良品种。适栽区为干旱、半干旱地区，其他地区可作保护地栽培。

（2）早玛瑙　欧亚种，北京市农林科学院林业果树研究所 1986 年育成的极早熟品种。果穗圆锥形，平均穗重 388.1 克。果粒着生中等紧密。果粒较大，平均粒重 4.6 克，长椭圆形，紫红色。果粉中等。果皮薄，肉质脆，味甜，可溶性固形物 16.3％，品质上等。树势中庸，极丰产。在北京地区果实成熟期为 8 月 4～6 日，平均生长日数为 113 天。丰产性强，成熟期如遇多雨，有时有裂果现象。

该品种生长势中等偏弱，喜肥水，宜密植并采用短梢修剪，篱架栽培。节间较长，副梢可留 2～3 片叶摘心，以增加叶片量。丰产性强，易过产，所以要注意疏花疏果，每一果穗留 60～70 个果粒左右，单果粒重可以达到 6 克以上，最大可达 8 克。由于坐果率高，可以免花前摘心或轻摘心，等新梢生长空间已满后再适当摘心。

该品种为优良早熟生食品种，产量高，品质上等，外观美，果穗抗白腐病的能力中等。抗寒力较强。雨水集中的年份略有裂果现象。

（3）京秀 欧亚种。中国科学院北京植物园育成的优质极早熟葡萄品种。果穗圆锥形，大，平均穗重 500 克左右，最大 1 250 克，果粒着生紧密，椭圆形，平均单粒重 6.3 克，最大 11 克，玫瑰红或鲜紫红色，皮中等厚，肉厚特脆，味甜酸低，可溶性固形物 14%～17.6%，含酸 0.3%～0.47%，品质上等。植株生长势中等或较强，枝芽成熟好。花序大，坐果率高。在北京地区 7 月下旬或 8 月初成熟。

栽培比较容易，在露地栽培中，应注意疏花疏果：每一个结果枝上只留一个花序，开花后在花序以上留 15～20 片叶摘心。每一个果穗留 60～70 个果粒即可。产量过高时易发生水罐子病。注意防治白腐病。定植当年要培养一根粗壮的主蔓，以保证第二年能结果。

该品种成熟极早，外观色艳形美，肉硬、可刀切不流汁，含酸量低，鲜食口感非常好。抗病力较强，不裂果，不掉粒，耐存，在树上挂果可到 10 月中旬，是优良的早熟葡萄品种。

（4）京玉 欧亚种。中国科学院北京植物园用意大利与葡萄园皇后杂交育成的早熟品种。果穗大，圆锥形带副穗或双歧肩圆锥形，平均穗重 684.7 克，最大 1 400 克，果粒着生中等紧密。平均单粒重 6.5 克，最大粒重 16 克，椭圆形，绿黄色。果皮薄。果肉脆。可溶性固形物含量为 13%～16%，含酸量为 0.48%～0.55%，酸甜适口，品质上等。生长势强，在北京地区 8 月上旬果实充分成熟，抗病力较强，丰产，坐果率高，副梢结果能力强，不裂果，较耐贮运。枝芽成熟良好。

棚、篱架均可栽培。花后 15 天左右对果穗疏果，每一果粒留 60～80 个果粒为宜。栽培比较容易。

该品种成熟早，穗粒外观都很美，且肉脆味甜，抗性较强，是优良的早熟品种。在我国长江以北大部分地区都可以栽培。

（5）矢富萝莎　又名粉红亚都蜜、亚都蜜萝莎。欧亚种，原产日本。果穗大，圆锥形，平均穗重 500 克以上。果粒长椭圆形，单粒重 9～12 克，紫红色。果皮薄，不易剥皮。肉质为溶质，稍软、多汁，含酸量低，可溶性固形物含量为 16％～18％，无香味，但很爽口。树势较强，不裂果、不脱粒、丰产性强，着色均匀鲜艳。二次结果能力很强。抗性较强，栽培容易。在北京 7 月下旬至 8 月上旬成熟，略晚于京秀。二次果 9 月下旬可以成熟，色艳味甜。

抗性较强，着色好，不裂果，不脱粒，栽培容易。应适当控制产量，注意多留叶片，以保证果实品质。由于副梢结果能力强，应注意主梢果和副梢果量的搭配，并适当疏果。

（6）奥古斯特　欧亚种，原产罗马尼亚。果穗大，圆锥形，平均穗重 580 克，最大穗重 1 500 克。果粒着生较紧密；果粒大，短椭圆形，平均粒重 8.3 克，最大粒重可达 12.5 克；果粒大小一致，浆果绿黄色，充分成熟金黄色，着色均匀一致；果皮中厚，果粉薄；果肉硬而脆，稍有玫瑰香味，味甜可口，品质极佳，可溶性固形物含量为 15.0％，含酸量 0.43％。果实早熟，在北京 8 月上旬成熟。植株生长势较强，枝条成熟度好，丰产。抗寒性中等，抗白粉病和霜霉病能力中等。果实不易脱粒，耐贮运。

成熟期早，穗大粒大、丰产、果色金黄。适宜篱架及小棚架栽培，中短梢修剪，成熟期多雨时注意防裂果。

（7）维多利亚　欧亚种，原产罗马尼亚。中早熟品种。果穗大，圆锥形或圆柱形，平均穗重 507 克，果粒着生中等紧密。果粒大，长椭圆形，绿黄色，平均单粒重 7.9 克，最大 15 克。可溶性固形物含量 16％，含酸量 0.4％。果肉硬而脆，味甜爽口。在北京 8 月上中旬果实成熟。生长势较旺，丰产性强。成熟后不易脱粒，挂树期长，较耐贮运。抗白粉病和霜霉病能力较强，抗旱、抗寒力中等。

该品种果粒大，外观美，品质优，丰产抗病。篱架或小棚架栽培均可，中、短梢混合修剪。易过产，需严格控制负载量。适宜干旱、半干旱地区种植。

（8）早黑宝　欧亚种四倍体品种。果穗大，圆锥形带歧肩，穗重 430 克，果粒大，短椭圆形，单粒重 7.5 克，最大可达 10 克，果皮紫黑色，较厚而韧；果肉较软。可溶性固形物含量 15.8%，完全成熟时有浓郁的玫瑰香味。品质上。在山西晋中地区 7 月底成熟。早熟鲜食。

该品种抗病性强，适于我国北方干旱地区栽培，在设施栽培中早熟特点尤其突出。适于小棚架和篱架栽培。

（9）紫珍香　欧美杂交种。辽宁省农业科学院 1981 年以沈阳玫瑰和紫香水芽变杂交育成的鲜食四倍体品种。果穗重 450 克。果粒着生中紧。果实长卵圆形，果皮紫黑色，果粒大，平均果粒重 10 克左右，果肉软，不易裂果，有玫瑰香味，可溶性固形物含量 16% 左右。在辽宁沈阳地区 8 月 20 日成熟。属早熟品种。抗逆性、抗病性强，适于棚架整形。

（10）京亚　欧美杂交种。四倍体。中国科学院北京植物园从黑奥林的实生后代中选出的大粒早熟品种。果穗较大，圆锥形或圆柱形，少有副穗。平均穗重 478 克，最大 1 070 克，果粒着生中等或紧密。平均单粒重 10.84 克，最大粒重 20 克，椭圆形，紫黑色。果皮中等厚，果粉厚。果肉较软，味酸甜，果汁多，微有草莓香味。有 1～2 粒种子。可溶性固形物含量为 13.5%～19.2%，含酸量为 0.65%～0.90%，品质中等。生长势较强，在北京地区 8 月上旬果实成熟，抗病力强，丰产，果实着色好，不裂果。经赤霉素处理可获得 100% 的无核果。

该品种成熟早，果粒特大，着色整齐，抗性强，栽培容易。缺点是果实含酸量较高，品质有待改良。喜肥水，栽培容易，棚、篱架均可。由于上色快、退酸慢，应在着色以后 30 天左右再采收。

（11）瑞都香玉　欧亚种，北京市农林科学院林业果树研究所

育成的早中熟、玫瑰香型葡萄品种。果穗长圆锥形，有副穗或歧肩，平均单穗重 432 克。果粒椭圆形或卵圆形，平均单粒重 6.3克，最大单粒重 8 克。果皮黄绿色，皮薄-中，较脆，稍有涩味。果粉薄。果肉质地较脆，硬度中-硬，酸甜多汁，有较浓郁的玫瑰香味。可溶性固形物含量 18%～21%。果实香、甜、脆，不裂果。在北京地区 8 月中旬果实成熟。

树势中庸或稍旺，丰产性强，副芽、副梢结实力中等。花序大，坐果率高。抗病力较强。栽培比较容易，注意控制产量，适当进行疏花疏果和果实套袋。果实成熟期注意补充磷钾肥并及时防治白腐病和炭疽病等果实病害。

（12）瑞都脆霞　欧亚种，北京市农林科学院林业果树研究所育成的早中熟、大粒、脆肉、红色鲜食葡萄品种。果穗圆锥形，无副穗和歧肩，平均单穗重 408 克；果粒着生较紧密，椭圆形或近圆形，大小较整齐一致，平均单粒重 6.7 克，最大 9 克。果皮薄较脆，稍有涩味，紫红色，色泽鲜艳一致，果粉薄。果肉脆、硬，可溶性固形物含量 16.0%左右。果粒大、色泽艳丽、肉质硬脆、酸甜适口。在北京地区 8 月中旬果实成熟。

树势中庸或稍旺，丰产性强，副芽、副梢结实力中等。抗病力较强。栽培比较容易，注意控制产量，适当进行疏花疏果和果实套袋。果实成熟期注意补充磷钾肥并及时防治白腐病和炭疽病等果实病害。

（13）瑞都红玉　欧亚种，北京市农林科学院林业果树研究所育成的品质优良的早熟、红色玫瑰香型鲜食葡萄品种。果穗圆锥形，个别有副穗，单或双歧肩，穗长 20.13 厘米，宽 12.27 厘米，平均单穗重 404.71 克，穗梗长 5.14 厘米，果梗长 0.83 厘米，果粒着生密度中或松。果粒长椭圆形或卵圆形，长 24.45 毫米，宽 18.14 毫米，平均单粒重 5.52 克，最大单粒重 7 克。果粒大小较整齐一致，果皮紫红或红紫色，色泽较一致。果皮薄至中等厚，脆，无或稍有涩味，果粉中。果肉质地较脆，硬度中等，可溶性固形物含量 18.2%，有明显的玫瑰香味。果梗抗拉力中等或较强，不裂果。在北京地区通常 7 月上中旬果实开始着色，8 月上中旬果实成熟。果实从开花到成熟的生长发育期为 70～80 天，属早熟品种。

该品种系早熟，红色，有较浓玫瑰香味，是红色系中香味较突出的早熟新品种，栽培特性良好，有望在栽培中广泛应用。

（14）红巴拉蒂 日本育成，亲本巴拉得×京秀，欧亚种，鲜红色早熟大粒葡萄新品种。果穗圆锥形，无副穗有双歧肩，平均单穗重 500 克，果粒着生中等或紧密。果粒椭圆形，平均单粒重 6.4 克，最大单粒重 9 克。果粒大小较整齐一致，果皮红色，色泽一致。果皮薄较脆，鲜红色，无涩味，果粉薄。果肉脆，硬，酸甜多汁，可溶性固形物含量 17.2%，皮薄肉脆，可以连皮一起食用。北京地区 8 月上中旬成熟，不裂果，早果性、丰产性、抗病性均较好。

（15）瑞都早红 欧亚种，北京市农林科学院林业果树研究所育成的优良早中熟鲜食葡萄品种。果穗圆锥形，基本无副穗，单或双歧肩，穗长 20.24 厘米，宽 13.02 厘米，平均单穗重 432.79 克，穗梗长 4.69 厘米，果梗长 1.01 厘米，果粒着生密度中或紧。果粒大小较整齐一致，椭圆形或卵圆形，长 25.57 毫米，宽 22.10 毫米，平均单粒重 6.9 克，最大单粒重 13 克。果皮薄至中等厚，较脆，无或稍有涩味；紫红或红紫色，色泽较一致；果粉中。果实成熟中后期果肉具有中等香味程度的清香味。果肉质地较脆，硬度中等，酸甜多汁。果梗抗拉力中或难，可溶性固形物含量 16.5%。大多有 2～4 粒种子。较丰产，在北京地区一般 4 月中下旬萌芽，5月下旬开花，7 月上中旬果实开始着色，8 月上中旬果实成熟。

该品种系早熟，紫红色或红紫色、上色好，果粒大，有较浓清香味的红色系早熟新品种，栽培特性良好，有望在栽培中广泛推广。

（16）瑞都红玫 欧亚种，北京市农林科学院林业果树研究所育成的优良早中熟香味鲜食葡萄新品种。果穗圆锥形，有副穗，单歧肩较多，穗长 20.8 厘米，宽 13.5 厘米，平均单穗重 430.0 克，

穗梗长 4.5 厘米，果梗长 1.0 厘米，果粒着生密度中或紧。果粒椭圆形或圆形，长 25.0 毫米，宽 22.2 毫米，平均单粒重 6.6 克，最大单粒重 9 克。果粒大小较整齐一致。果皮薄至中等厚，紫红或红紫色，色泽较一致；较脆，无或稍有涩味；果粉中。果肉质地较脆，硬度中，酸甜多汁，可溶性固形物含量 17.2%，有中等香味程度的玫瑰香味。果梗抗拉力中等，大多有 1～2 粒种子。在北京地区一般 4 月中下旬萌芽，5 月下旬开花，8 月中或下旬果实成熟。

该品种果粒着色整齐，有明显的玫瑰香味，香味保持期长，在 10 月中旬尚有较明显香味。丰产，栽培特性良好，有望在栽培中广泛推广。

2. 中熟品种

（1）玫瑰香　欧亚种。原产英国。果穗中等大，平均穗重 350 克，圆锥形或分枝形，中等紧密。果粒大，平均重 4.5～5.1 克，近圆形。果皮紫红色，中等厚，易剥皮。果粉厚。果肉较脆，味酸甜，有浓郁的玫瑰香味。可溶性固形物含量为 15%～19%，品质上等。植株生长势中等，成花能力极强，丰产性强。在北京地区，8 月下旬浆果成熟。从萌芽至浆果成熟所需天数为 140 天左右。属中晚熟品种。抗性中等。

栽培上要求肥水充足，适当控制产量。适于篱架栽培，中短梢修剪。每一果枝留一穗果，每一果穗留 60～70 个果粒。花前要进行果枝摘心（花序以上留 5～8 片叶）和花序整形（掐去副穗和穗尖），坐住果后疏去多余果粒，尤其要注意疏除小果粒，使果粒大小整齐。

玫瑰香因为其独特的优良品质而世界闻名，在我国也已有多年的栽培历史，至今仍有很好的市场竞争力。但近年来，由于过于追求高产、长期无性繁殖以及病毒感染等原因，有品质退化现象。所以在今后的玫瑰香栽培中，应注意引进优质种苗，并注意科学的标准化生产栽培。

（2）里扎马特　又名玫瑰牛奶。欧亚种，原产前苏联。果穗极大，一般 600～1 000 克，最大可达 1 500 克，圆锥形分枝状。果粒着生疏松，垂挂，平均果粒重 10～12 克，最大 19 克，长圆柱形。果皮极薄，无涩味，可食，浅红至暗红色。果肉较脆，含糖量 11％～12％，含酸量 0.57％。树势强，穗大粒大，皮薄肉脆，风味佳，在北京地区 8 月下旬成熟。不裂果，但抗病性较弱，尤其不抗白腐病，宜在干旱半干旱地区栽种。

该品种外观美，果皮极薄无任何异味，可带皮食用，是目前葡萄品种中果皮味道最好的品种。树势极旺，宜用大篱架或棚架栽培。

（3）克林巴马克　欧亚种。原产乌兹别克斯坦。果穗大，圆锥形，无副穗。平均穗重 340.97 克，最大穗重 600 克，果粒着生紧密度中等。果粒绿黄色，长椭圆或弯形，较大，平均粒重 5.87 克，最大粒重 9.5 克。果皮薄，脆，无涩味。果粉薄。果肉溶质，味甜，无香味。可溶性固形物含量为 17.7％。鲜食品质上等。植株生长势强。在北京地区，8 月下旬至 9 月上旬浆果成熟。从萌芽至浆果成熟所需天数为 140 天，为中熟品种。抗性中等，对白腐病的抗性较弱。

该品种果穗果粒外观美，风味品质上佳。生长势较强，宜采用棚架，中长梢修剪。但抗病性较弱，栽培时要加强对黑痘病、白腐病等病害的防治。除适时进行化学防治外，可采取套袋等物理方法隔离果穗，以防止果实病害蔓延。适合在西北、华北干旱、半干旱且管理条件较好的地区栽培。

（4）巨峰　欧美杂交种。原产日本。果穗大，最大可达 2 000 克以上。果粒极大，椭圆形，平均重 9～12 克。果粉中等厚。果皮厚，紫黑色，易剥皮。肉软多汁，有肉囊，味酸甜，有草莓香味，可溶性固形物含量为 17％～19％。树势强，副梢结实力强。在北京地区，浆果 9 月初充分成熟，属中熟品种。抗病能力强。

该品种栽培不当时落花落果严重，所以栽培上提高坐果率是成功与否的关键。当巨峰新梢直径超过 1.5 厘米时，就不易形成花芽，坐果也很差，所以首先要控制氮肥的施用，防止树体生长过旺。开花前对果枝进行摘心，摘心不宜过重或过轻，过重容易产生

大小粒，过轻则起不到提高坐果率的作用，以果穗以上留5片叶左右为宜。其次，要对花序进行整形：去掉副穗和花序基部的2～4个小分支，掐掉2～3厘米的穗尖只留7～8厘米的中段，这样能使开花时营养供应集中，提高坐果，并使果穗紧凑。坐果后，再进行适当疏果，疏去小粒和果穗内部的果粒，每一果穗留30～40个果粒即可。此外，一定要适时采收，该品种的成熟颜色应为紫黑色。

巨峰由于果粒大，抗性强，可栽植区域很大。近年在我国栽培面积很大。但果实不耐贮运，品质也一般，目前已有下降趋势。

（5）藤稔　欧美杂交种。原产日本。果穗圆锥形，平均重300～400克，着粒较松。果粒巨大，平均重16～22克，近圆形。果皮厚，紫黑色，易与果肉分离。肉质较紧，果汁多，可溶性固形物含量15%左右，略有草莓香味。在北京地区8月下旬成熟，裂果少，不脱粒。

该品种果实增大的潜力大，在我国南方作巨大粒栽培已获成功，人称"乒乓葡萄"。在非绿色或有机栽培时可以于坐果后幼果黄豆粒大小时，用大果宝等促进果粒膨大的植物生长调节剂浸蘸果穗，可得到近30克重的巨大型果。处理后果实成熟期略提前，果实着色变为暗紫红色（红色调浓）。但同时需注意做花序整形，坐果后每一果穗只留30个果粒，同时加强肥水。自根苗生长较缓慢，应选择发根容易，根系大，抗性强的砧木进行嫁接栽培。

（6）红瑞宝　欧美杂交种，原产日本。果穗大，分支或圆锥形，中等紧密。果粒极大，平均重8～10克，椭圆形，浅红色。果皮中等厚，以剥皮。肉软多汁，含糖量可达20%以上，有草莓香味，风味香甜。果实成熟比巨峰晚约1周，属中晚熟品种。树势强，极丰产。果实成熟后易落粒。

该品种穗大粒大，风味甜香，很受消费者欢迎。为直光着色型品种，枝叶过密或产量过高时果实着色不良，所以要注意树体通风透光和疏花疏果，每667米² 产量控制在1 250千克左右为宜。产量高（2 000千克以上）时着色不良，呈绿黄色，但风味仍然良好。由于成熟后落果较重，不耐贮运，可在城市近郊区作为采摘型品种适量发展。

（7）牛奶　别名马奶子、宣化白葡萄、玛瑙、脆葡萄。欧亚种。在我国已有很久的栽培历史。果穗大，平均穗重 300～800 克，长圆锥形或分枝形，中等紧密或较松散。果粒大，平均重 4.5～6.5 克，最大粒重 9 克，圆柱形。果皮薄，黄绿或黄白色。果肉脆，可溶性固形物含量为 15%～22%，含酸量为 0.25%～0.3%，所以口感很甜，品质上等。植株生长势强。8 月下旬浆果成熟，从萌芽至浆果成熟所需天数为 130～140 天。属中熟品种。抗病抗寒能力较差。

该品种穗大、粒大，产量高，外观美，风味甜。但抗性差，宜在干旱少雨、热量充足的地区栽培，多雨年份要防裂果。适于棚架栽培，栽植地要求土壤疏松。

（8）巨玫瑰　欧美杂交种，大连市农业科学院以沈阳大粒玫瑰香和巨峰杂交而成的四倍体品种。果穗大，平均果穗重 514 克，最大 800 克。果粒大，椭圆形，平均粒重 9 克，最大粒重 15 克，果肉软，多汁，具有较浓的玫瑰香味，可溶性固形物含量 18%，品质上。在辽宁省大连地区 9 月上旬果实成熟。为中晚熟品种。

该品种丰产，抗病，适于大棚栽培。

（9）红富士　欧美杂交种，原产日本。果穗大，平均重量约 510 克，果粒着生中等紧密。果粒大，倒卵圆形，平均粒重 9.4 克。果粒大小整齐，果皮厚，粉红色至紫红色，果粉厚，果皮与果肉易分离，有肉囊，汁多，香甜味浓，可溶性固形物含量 16%～17%，品质优良。果刷短，易落粒。在陕西关中地区 8 月中下旬果实成熟。抗病性强。中熟品种。

该品种生长旺盛，宜棚架或高篱架栽培。耐贮运性差，但果实香甜，食用品质十分悦人，适合在城市近郊和庭院栽植。

（10）阳光玫瑰　欧美杂种。日本农研机构果树研究所用安芸津 21 号（斯丘本×亚历山大）与白南（卡塔库尔干×甲斐露）杂交育成的葡萄新品种。2006 年在日本农林水产省登记。平均单穗重 500 克，最大单穗重 1 000 克。果皮黄绿色，外观优美，糖度

17～20度，酸味、涩味少，多汁但果肉质地硬。有玫瑰香味，皮可食。GA 2 次处理可以无核化并膨大（使用花序下部 4 厘米左右，留果粒 40～45 粒。盛花期和盛花后 10～15 天用 25 毫克/千克 GA 处理 2 次），果粒 12～14 克。外形美观，肉质脆硬，有玫瑰香味，果实可溶性固形物含量为 18%～20%，可连皮食用。不裂果，抗病，可短梢修剪，该品种成熟期与巨峰相近。坐果好，病虫害抗性强，栽培比较容易。

（11）金手指　欧美杂交种，原产于日本。果穗中等大，长圆锥形，果粒着生松紧适度，平均穗重 445 克，最大 980 克，果粒长椭圆形至长形，略弯曲，呈菱角状，黄白色，平均粒重 7.5 克，最大可达 10 克。每果含种子 1～3 粒。果粉厚，极美观，果皮薄，可剥离，可以带皮吃。可溶性固形物含量 21%，有浓郁的冰糖味和牛奶味，品质极上，商品性高。不易裂果，耐挤压，贮运性好，货架期长。北京地区成熟期为 8 月中下旬，属于中熟品种。

该品种抗性较强，全国各葡萄产区均可栽培。篱架、棚架栽培均可，长、中、短梢修剪。管理上要合理调整负载量，防止结果过多影响品质和延迟成熟。

3. 晚熟品种

（1）达米娜　欧亚种，原产罗马尼亚。果穗大，平均穗重 560 克，最大 1 100 克，果粒着生紧密。果粒大，圆形或短椭圆形，平均粒重 8.5 克，最大 14.5 克；果皮紫红色，中厚，果粉厚，果肉硬度中等。具浓郁的玫瑰香味，品质极佳，可溶性固形物含量 16.5%。河北昌黎地区 9 月中旬果实充分成熟。

该品种抗病性较强，果实耐贮运。宜采用篱架、小棚架整形。

（2）美人指　又名染指、脂指、红指。欧亚种，原产日本。原名意为"涂了指甲油的手指"。根据其果粒形状和中国人的习惯，译为"美人指"。树势强，植株生长结果习性近似于中国的"牛奶"，但生长更旺。果穗大，果粒长椭圆形，先端尖，最大单粒重 13 克，纵径 46 毫米，横径 21 毫米，纵径是横径的约 2.2 倍，果粒基部（近果梗处）为浅粉色，往端部（远离果梗）逐渐变深，到先端为紫红色，恰似年轻女士在手指甲处涂上了红色指甲油的感觉，非常美丽，故而得名。果实9月中下旬成熟，可溶性固形物含量为18%～19%，到10月可达19%。无香味，酸甜适度，口感甜爽、肉质脆硬。果皮较韧、不裂果，不脱粒。抗病性较差。

该品种外观奇美，品质上等，是很有发展前景的品种。适宜棚架。应适当控制树体的营养生长，必要时可采用生长抑制剂进行生长调控，以提高植株成花率。栽培上应注意对白腐病等病害的防治，适宜在干旱、半干旱地区发展。在夏季雨水过多地区要采用避雨栽培。

（3）峰后　欧美杂交种。四倍体。由北京市农林科学院林业果树研究所育成。果穗圆锥形或圆柱形，平均重418.08克。果粒着生中等紧密，短椭圆或倒卵形，平均重12.78克，最大19.5克，比巨峰平均大2～3克。果皮紫红色、厚，果肉极硬，平均硬度为0.5千克/毫米^2，是巨峰（0.2千克/毫米^2）的2倍多。果肉质地脆，略有草莓香味，可溶性固形物含量为17.87%，含糖15.96%，含酸0.58%，糖酸比高，口感甜度高，品质极佳。果实不裂果，果梗抗拉力强，耐贮运性强。树势强，丰产性中等，抗性强。在北京地区9月上中旬果实完全成熟，属中晚熟品种，但果实能挂树保存至9月底，不脱粒。

栽培的关键是要控制树体的生长势不能过旺。注意早期控制氮肥，多补充钾肥，宜棚架。花前在果穗以上留5片叶摘心。套袋者采收前1周摘袋为宜，以使果面充分接受光线，以利于充分着色。冬季修剪剪口粗度应在1厘米以下。抗病性强，但在花期前后及坐果后要注意穗轴褐腐病和炭疽病的防治。

该品种果粒特大，颜色鲜艳，外形美观，果肉硬脆，风味甜香含酸量低，有欧美杂交品种的抗性，近似于欧洲种的风味品质，是目前巨峰群品种中品质最好的；耐贮存，但适栽区远比晚红、秋红等欧洲品种广，能在我国大江南北广泛栽培。

（4）黑奥林　欧美杂交种，原产日本。北京地区9月中下旬果实充分成熟，略晚于巨峰。果穗大，平均穗重500～600克。果粒

大，近圆形，果皮厚、紫黑色，易与果肉分离。果肉甜脆带酸，有草莓香味，无裂果掉粒现象，较耐贮运。树势较旺，抗病抗寒，结果枝率、坐果率均比巨峰强。

（5）红地球　又名晚红、大红球、红提等。欧亚种，原产美国。果穗长圆锥形，极大，穗重600克以上。果粒圆形或卵圆形，在穗轴上着生中等紧密，平均重12～14克，最大22克。果皮中厚，暗紫红色。果肉硬、脆，味甜，可溶性固形物含量为17%。树势较强，丰产性强，果实易着色，不裂果，果刷粗长，不脱粒，果梗抗拉力强，极耐贮运。但抗病性较弱，尤其易感黑痘病和炭疽病。成熟期晚，在北京地区9月下旬成熟。

该品种穗大粒大，外观品质上乘，尤其耐贮运性是目前葡萄品种中最好的。但抗病力较弱，成熟期晚。栽培上要求土层深厚、土质疏松、热量充足。适于小棚架栽培，龙干形整枝。幼树新梢不易成熟，在生长中后期应控制氮肥，少灌水，增补磷钾肥。开花前对花序整形，去掉花序基部大的分枝，并每隔2～3个分枝掐去一个分枝，坐果后再适当疏粒，每一果穗保留50～70个果粒。注意病虫害的防治。选择干旱半干旱地区种植，高湿热的南方各省和热量不足的一些北部地区应慎种，必须进行避雨栽培。

（6）秋黑　欧亚种，原产美国。果穗极大，长圆锥形。单穗平均重520克，最大可达1 500克。果粒着生紧密。果粒鸡心形，平均重8克。果皮厚，蓝黑色，果粉厚。果肉硬脆可切片，味酸甜，无香味。可溶性固形物含量为17.5%。果刷长，果粒着生牢固，不裂果，不脱粒。生长势极强，早果性和结实力均很强。在北京地区，9月底至10月初浆果完全成熟。抗病性较强，枝条成熟好。

该品种果实成熟着色整齐一致，外观很美。肉质硬，成熟极晚，耐贮运，是很好的冬春季节葡萄生产淡季的上市品种。抗病性强，生长旺盛，适宜棚架栽培。耐贮运，在华北及西北地区生长期较长的地区可以适量发展。

（7）秋红　又名圣诞玫瑰。欧亚种，原产美国。果穗大，重800克左右。果粒长椭圆形，平均粒重7.5克，着生较紧密。果皮中等厚，深紫红色，不裂果。果肉硬脆，味甜，可溶性固形物17％，品质佳。果刷大而长，特耐贮运。树势强，栽后两年见果，极丰产。抗病能力较龙眼葡萄强，抗黑痘病能力较差。果实易着色，成熟一致。在北京地区9月底至10月初果实成熟。

穗大粒大，果实形色都很美，肉硬耐贮运，丰产，栽培也较容易，是很好的极晚熟葡萄品种。树势强，棚架栽培为宜。结果后树势显著转弱，主蔓不宜太长。花序大，果穗也大，应疏花疏果，每一果穗留60～80个果粒即可。早期注意防治黑痘病。

(8) 摩尔多瓦　欧亚种。原产摩尔多瓦，1997年引入。果穗大。果粒着生中等紧密，平均穗重650克。果粒大、短椭圆形，平均粒重9克，果皮蓝黑色，果粉厚，果肉柔软多汁，无香味，可溶性固形物含量16％，品质上。在河北昌黎地区9月底果实成熟。

该品种抗病性较强，尤其高抗霜霉病。果实成熟后耐贮运。宜棚架和T形篱架栽培。该品种丰产、晚熟、果穗外观美丽，特别适宜用作观光栽培和长廊栽培。

(9) 意大利　欧亚种，原产意大利。果穗大，圆锥形，无副穗或有小副穗，平均穗重511.6克，最大穗重1 250克，果粒着生中等紧密。果粒大，椭圆形，绿黄色。平均粒重7.05～13.3克，最大粒重15.3克。果皮中等厚，脆，无涩味。果粉厚。果肉脆，味酸甜，有玫瑰香味。可溶性固形物含量为17％，总糖含量为16.05％，可滴定酸含量为0.48％～0.69％。鲜食品质上等。植株生长势中等或较强。在北京地区，9月下旬浆果成熟。抗逆性较强，抗白腐病、黑痘病能力均强，但易受葡萄霜霉病为害，有时还易染白粉病。

果穗果粒大，外观美，肉质脆，风味甜香，丰产，果实耐贮运，在室温条件下可贮存至翌年4月而品质不变。喜肥水，棚、篱架栽培均可。抗病力强，但要注意防治霜霉病。坐果后适当疏果，以免果穗太大而影响其商品性。适宜在温暖、生长期长而干旱的地区栽培。

(10) 奥山红宝石　别名红意大利。欧亚种，原产巴西，1984

年在日本注册发表。果穗大，圆锥形，无副穗。平均穗重 485.31 克，最大穗重 756.5 克，果粒着生紧密度中等。果粒大，椭圆形，紫红色。平均粒重 7.66 克，最大粒重 11.8 克。果皮薄，较脆，无涩味。果粉薄。果肉较脆，味酸甜，略有玫瑰香味。果肉和果皮不易分离，可带皮吃。可溶性固形物含量为 17.0%，鲜食品质上等。植株生长势中等。在北京地区 9 月下旬浆果成熟。抗性中等。成熟始期若逢降雨，则在果梗部周围发生月牙形裂果。

该品种果穗果粒均较大，着色整齐，外观美。肉质脆，有玫瑰香味。耐贮存，丰产。生长势中等，适用篱架栽培，中短梢修剪。适应性中等，较抗黑痘病和白腐病。因果穗大，坐果好，应在坐果后进行适当的疏果，每穗留果 55～60 粒（成熟时单穗重为 400～600 克）。在多雨地区或年份，可能会有裂果发生，应注意采取相应的栽培措施加以预防。抗寒性较弱，北方及东北栽培区要注意采用防寒措施和适当提早埋土防寒。

（11）红高　欧亚种，1988 年在巴西发现的意大利品种的芽变，2000 年引入我国。果穗大，平均穗重 625 克，果粒着生紧密。果粒大，短椭圆形，果皮浓紫红色，平均单粒重 9.0 克，果皮厚，果粉中等，果肉脆，味甜，有较浓的玫瑰香味，可溶性固形物含量 18%左右，鲜食品种上等。耐贮运，适宜棚架整形。

（12）夕阳红　欧美杂交种。辽宁省果树研究所用 7601 与巨峰杂交选育的四倍体品种。果穗大，平均穗重 850 克，最大可达 1 500 克，果粒着生紧密。果粒大，椭圆形，平均粒重 13 克，果皮紫红色，果粉厚，果皮中厚，果肉较软，无明显肉囊，汁多，味甜，有明显的玫瑰香味。可溶性固形物含量 16%，果实成熟后不落粒。在辽宁沈阳地区 9 月下旬果实成熟，属晚熟品种。抗病性较强，宜采用棚架整形。

（13）高妻　欧美杂交种。四倍体。原产日本。树势强，不徒长、无落花落果。果穗大，400～600 克，果粒短椭圆形，极大粒 17～20 克，最大可达 22 克。肉质硬、脆。果实可溶性固形物含量为 18%～21%，含酸量低，有草莓香味，果汁多。果皮纯黑色至紫黑色,着色容易。不易剥皮,不裂果。在北京9月下旬果实成熟。

该品种最大的特点是栽培容易,棚、篱架均可,无落花落果、着色容易,在高温地区也可以良好着色。进入结果早,不裂果、不脱粒,抗病性强。品质比巨峰好。但仍应注意控制氮肥使用量,合理施肥,防止徒长,轻修剪等。

二、酿酒葡萄品种

(一)红葡萄酒品种

1. 赤霞珠 欧亚种。原产法国,是法国古老的优良酿酒葡萄品种。20世纪80年代大量引入我国。全国均有分布。果穗中等大,平均重175克,果粒着生中等紧密。果粒小,平均粒重1.82克,近圆形,紫黑色,果粉厚;皮厚、多汁有青草味。含糖量15%~19%,含酸量0.57%。出汁率75%。在京津地区10月上旬果实充分成熟,晚熟酿酒品种。抗霜霉病、白腐病、炭疽病能力较强。该品种为高单宁含量类晚熟品种,适宜在积温较高、无霜期长、生长期长、夏季较温凉、土壤富钙质的地区栽培。

2. 梅鹿辄 欧亚种。原产法国波尔多,是近年来发展较快的酿酒品种。全国各地均有栽培。果穗中等大,平均穗重180克,圆锥或圆柱形。果粒小,近圆形,紫黑色,平均粒重1.8克,着生中等紧密,果皮较厚,多汁,含糖量18%,含酸量0.7%,出汁率74%。华北地区9月中下旬果实成熟。较抗霜霉病、白腐病和炭疽病。为世界上著名的红葡萄酒品种。生长势中庸,宜篱架整形,中梢修剪。

3. 西拉 欧亚种。原产伊朗。我国20世纪80年代引进,现在山东、新疆、宁夏等地均有栽培。果穗中生平大,平均穗重242.8克,圆锥或圆柱形。果粒小,着生紧密,单粒重1.9克,圆形,紫黑色,色素丰富,具有独特香气。含糖量19%,含酸量0.73%,出汁率73%。北京地区8月下旬果实成熟,属中熟品种。该品种是良好的干红葡萄酒品种,适宜在我国北方和西北积温不高

的地区栽植。

4. 蛇龙珠 欧亚种。该品种在山东胶东栽培较多。果穗中等大小，圆锥形或圆柱形，有歧肩，平均果穗重195克，果粒着生紧密。果粒圆形，果皮紫黑色，着色整齐，果皮厚，平均单粒重2.0克，果肉多汁，可溶性固形物含量17%，含酸量0.46%，出汁率76%左右。在山东胶东地区，9月下旬果实成熟，属中晚熟品种。该品种适应性强，抗逆性强，是当前华东地区主要推广的优良酿酒品种之一。适宜在稍为干旱的沙壤土栽培，宜篱架整形；中、长梢修剪。

5. 品丽珠 欧亚种。原产法国，我国引种较早，在胶东、冀北及甘肃河西走廊地区均有栽培。果穗中等大小、圆锥形，平均果穗重约200克，果粒着生紧密，成熟不一致，有小青粒。果粒小，单粒重2.0克，圆形，紫黑色，果粉厚，果汁多，含糖量19%，含酸量0.78%，出汁率70%，单宁含量低。在山东烟台地区9月中旬果实成熟。中晚熟品种。该品种是一古老的优良酿造品种。植株生长中庸，宜篱架栽培，中、短梢混合修剪。易感染各种葡萄病毒，有条件的地区应采用无病毒苗木。

6. 黑比诺 欧亚种，西欧品种群。原产法国。目前甘肃河西走廊地区栽培较多。果穗小，圆柱形或带副穗，平均重170克。果粒着生紧密。果粒小，平均单粒重1.7克，椭圆形，果皮紫黑色、果粉中等厚，果皮中等厚，果肉多汁、味酸甜。含糖量19.5%。华北地区8月下旬至9月上旬果实成熟。中熟品种。该品种为酿造香槟酒、干白葡萄酒、干红葡萄酒的优良品种。抗寒力较强，适宜在我国华北北部及西北积温稍低的地区种植，宜篱架栽培，中、短梢修剪。

7. 法国兰 欧亚种。原产奥地利，是一个古老的酿酒品种。我国各产区均有栽培。果穗中等大，圆锥形，平均穗重200克，果粒着生中等紧密。果粒中等大，平均单粒重1.7克，近圆形，果皮紫黑色，果分中等厚，果皮厚；肉质软，汁多，味甜。含糖量17%～19%。出汁率76%。华北地区8月下旬至9月上旬果实成熟，中熟品种。抗病性强，抗寒性强。是优良的酿造品种，适宜栽培地区较广。栽培上宜篱架整形，中、长梢修剪。

8. 北冰红　中国农业科学院特产研究所用左优红作母本、86-24-53 作父本杂交育成，于 2008 年 1 月通过吉林省农作物品种审定委员会审定。果穗长圆锥形，平均穗重 159.5 克；果粒圆形，粒均重 1.3 克，蓝黑色；果皮较厚，果肉绿色，无肉囊。可延迟到 12 月采收，可溶性固形物含量可达 36.2%，总酸 1.48%，单宁 0.0654%，出汁率 21.64%。酿制的冰红葡萄酒深宝石红色，具蜂蜜和杏仁复合香气，适宜制干红冰红葡萄酒。在吉林市，9 月中下旬果实成熟，12 月上中旬采收。适宜在年无霜期 125 天以上，冬季最低气温不低于－37℃的地区栽培。

9. 北玫　中国科学院植物研究所以玫瑰香作母本、山葡萄作父本杂交育成的抗寒、抗病酿酒葡萄新品种。果穗圆柱形或圆锥形，平均穗重 160.0 克，最大穗重 220.0 克；果粒圆形或近圆形，平均粒重 2.6 克，紫黑色。果汁红色，风味酸甜，有玫瑰香味，可溶性固形物含量 20.40%～25.40%，可滴定酸含量 0.87%～1.17%，出汁率 77.70%。酿制的葡萄酒宝石红色，酸甜可口，入口柔和，酒体平衡、醇厚，有玫瑰香味。抗寒、抗病，在北京露地栽培 9 月下旬果实成熟。

10. 北红　中国科学院植物研究所以玫瑰香作母本、山葡萄作父本杂交育成的抗寒、抗病酿酒葡萄新品种。果穗圆锥形，平均穗重 160.0 克，最大穗重 290.0 克；果粒圆形，平均粒重 1.57 克，蓝黑色；果汁红色，无香味；可溶性固形物含量 23.80%～27.00%，可滴定酸含量 0.89%～1.26%，出汁率 62.90%。酿成的葡萄酒深宝石红色，澄清透明，酸甜可口，有蓝莓和李的香气。入口柔和，酒体平衡、醇厚。抗寒、抗病，在北京露地栽培 9 月下旬果实成熟。

（二）白葡萄酒品种

1. 霞多丽　欧亚种。原产法国。20 世纪 70 年代引入我国，目

前北方各省、自治区均有种植。果穗中小，平均重150克，圆柱形，果穗极紧密。果粒小，单粒重1.38克，近圆形，绿黄色。果皮薄，果肉多汁，味清香，含糖量18%～20%，含酸量0.75%，出汁率72%左右。华北地区9月下旬果实成熟，为中熟品种。该品种风土适应性较强，但是抗病性较弱。是酿制高档葡萄酒的优良品种。宜篱架栽培，中梢修剪。

2. 意斯林 欧亚种。原产意大利，为一古老的酿造良种，1892年引入我国。北方葡萄产区均有栽培。果穗中小，平均穗重135克，圆形，果粒着生紧密。果粒小，平均粒重1.28克，最大1.45克，近圆形，黄绿色，果脐明显，果粉中等厚、皮薄，果肉多汁，含糖量21.2%，含酸量0.7%，出汁率72%～76%。树势中等，在华北地区9月中下旬成熟，中晚熟品种。抗病性较强。宜篱架栽培，中、短梢修剪。

3. 赛美蓉 曾用名：赛美容、瑟美戎。欧亚种，原产法国。1980年从德国引入。

两性花。果穗中等大，穗重250～310克，圆锥形，有副穗。果粒着生紧密，平均粒重3.3克，圆形，绿黄色。皮薄，肉软多汁，味甜，含糖量19.8%～21%，含酸量0.6%～0.7%，出汁率78%。生长势中等，为中晚熟品种。抗病性中等，易感染白腐病。宜篱架栽培，中梢修剪。是酿制干白和甜红葡萄酒的著名酿酒葡萄优良品种。适宜在中国北部、西北干旱、半干旱地区栽培。

4. 白诗南 欧亚种。原产法国。1980年由德国引入。两性花。果穗中等大，穗重375克，圆锥形或圆柱形。果粒着生紧密，平均粒重3.75克，近圆或椭圆形，绿黄色，皮薄肉软多汁，含糖量20%，含酸量0.75%。出汁率72%。生长势较强。结果枝占芽眼总数的63%，每一结果枝上的平均果穗数为1.6个，丰产。从萌芽至果实充分成熟的生长日数为140～150天，活动积温为3 100～3 400℃。为中晚熟品种。抗病性中等，易感白腐病。不裂果，无日灼。宜篱架栽培，中梢修剪。白诗南可酿制干白、甜白、起泡酒和香槟酒。是具有多种酿酒用途的国际著名酿酒葡萄优良品种。适宜在我国东北、西北干旱、半干旱地区栽培。

5. 龙眼　龙眼是中国分布最广的古老品种之一，为鲜食兼酿酒品种，中国长城葡萄酒有限公司以龙眼为原料酿制的干白葡萄酒在国际评酒会上多次荣获金奖。

三、制汁品种

1. 康可　曾用名康克、黑美汁。美洲种。原产北美，1936年从日本引入。果穗小，穗重约200克，圆锥形，果粒着生紧密或中等，近圆形，粒重2.3～3.05克，蓝黑或紫黑色，果粉厚，皮下有紫红色素。皮厚汁多，果汁红色，有肉囊，有浓郁的草莓香味，出汁率65%～75%，含糖量15.4%～16%，含酸量0.65%～0.9%，每粒果含种子2～3粒。

生长势强。为中熟品种。适应性强。抗寒、抗病和抗湿能力均强，容易栽培。篱、棚架均可。中、短梢修剪。康可是世界有名的制汁葡萄品种。宜在我国各地栽培。

2. 蜜汁　欧美杂交种。原产日本。果穗中等大，平均穗重250克，圆锥形，果粒着生紧密，近圆或扁圆形，粒重7.7克，红紫色。皮厚，肉较软，汁多，有肉囊，味酸甜，有浓郁的草莓香味（美洲种味）。含糖量17.6%，含酸量0.61%，每粒果含种子2～3粒。

生长势中。为中熟品种。适应性强，抗病、抗湿、抗寒性均强。副梢萌发力不强，容易栽培管理。篱、棚架栽培，中、短梢修剪。蜜汁原为鲜食品种，但制汁效果更佳，可以兼用。在黑龙江哈尔滨有一定的栽培面积，而在南方表现亦很好，全国各地均可栽培。

3. 卡它巴　曾用名卡托巴、卡它瓦。美洲种。原产美国。果穗小，重94～150克，圆柱或圆锥形，带副穗，果粒着生中等紧密，近圆或卵圆形，粒重2.7～3.4克，紫红色，皮厚汁多，有肉囊，有浓郁的草莓香味，含糖量15.2%～18%，含酸量0.9%，出

汁率 72.6%，每粒果含种子 2～5 粒。

生长势强。较抗白腐病，易感炭疽病，抗寒、抗旱、抗湿性均强，易于管理。宜棚、篱架栽培，中、短梢修剪。卡它巴酿制的葡萄汁有浓郁的草莓香味，酸甜适口。可在积温较高地区栽培。

4. 玫瑰露 欧美杂交种。原产美国，又称底拉洼。我国东北、华中等地区都有栽培。树势中等，丰产。结果枝率为 63%，每个果枝结 3 个果穗。果穗圆柱形，果粒着生紧密。果粒重 1.4～2.5 克。果皮薄，紫红色，果粉中等。肉软多汁、有肉囊、味甜而香。辽宁兴城地区 5 月上旬萌芽，8 月下旬果实成熟。北京地区 4 月中旬萌芽，8 月上旬成熟。

浆果出汁率 70%，是制汁、酿造和鲜食兼用品种。果汁色好，味甜适口，有香味。酿酒质优，味香，回味长。适宜长期贮存，又可作调味用。

四、砧木品种

1. 山葡萄 我国东北高寒地区常用抗寒性极强的山葡萄做砧木。山葡萄是原产于我国东北的一个种，属于东亚种群。除用做砧木外，还用于做酒。

单性花。果穗小，重 38 克，圆锥或圆柱形。果粒着生稀疏，重 0.5 克，近圆形，紫黑色，含糖量 10.7%，含酸量 2.53%，出汁率 51.4%。

植株生长势强。穗粒小，产量低。可用作酿制甜红葡萄酒的原料。著名的通化葡萄酒、长白山葡萄酒等均为野生山葡萄果实酿制而成。山葡萄抗寒性特强，是葡萄属中抗寒性最强的种，枝条可耐 −40℃ 以下的低温，根系可耐 −15℃ 以下的低温，因而东北地区利用它做抗寒砧木。但山葡萄扦插发根力差，且易产生小脚现象，生产上多用实生砧。

2. SO4 原产德国，是冬葡萄和河岸葡萄的杂交后代。生长势强。扦插容易生根。嫁接亲和力良好，抗干旱性能强，也耐湿，抗寒，抗石灰质土壤，抗根瘤蚜，抗线虫和根癌病能力强。嫁接品种结果早，丰产，着色及品质好。本种近年来在欧洲大量增殖、广泛普及，其势头已超过其他的 Teleki 系的砧木品种。根系抗寒力中等。属于准矮化性砧木，稍有小脚现象。嫁接植株表现早熟、丰产、品质优良，幼树进入结果早。根系强固，中深。适应性广，丰产，植株生长旺盛。雄花，不能结果。

3. 5BB　原产法国。雌能花，花序特小且少，果穗和果粒均特小，果粒圆形，黑色，无利用价值。其最大特点是抗旱和早熟性。植株生长旺盛，准矮化性砧木，根稍浅且细，稍有小脚，抗石灰质土壤能力极强，嫁接品种结果较早，品质着色非常好，成熟期较早，坐果和产量中等，扦插生根能力中等。耐湿性较弱，抗根瘤蚜的能力极强，对线虫也有较强的抗性。与欧亚种葡萄嫁接亲和力良好。应用广泛，是日本目前应用的主要砧木品种。

4. 101-14　原产法国。两性花，花序极小。果穗、果粒均极小，圆形，黑色，无利用价值。生长势中等。扦插发根能力较强。嫁接亲和力好。抗根瘤及线虫，耐寒、耐旱、耐湿性均好。抗石灰质土壤能力弱。嫁接品种早熟，着色好，品质优良。有时有小脚现象，是较古老的应用广泛的砧木品种。因是最早熟的砧木而闻名。准矮化性，根系浅。

5. 贝达　曾用名贝特。原产美国。果穗较小，平均穗重 142克，圆锥或圆柱形，少有小副穗，果粒着生紧密，粒近圆形，重1.75克，蓝黑色，皮较薄，肉软多汁，稍有肉囊，草莓香味较浓，含糖量 15.5%，含酸量 2.6%，出汁率 77.4%，不宜生食和酿造，可与其他品种勾兑制葡萄汁。生长势强。近年来贝达作为抗寒砧木品种在我国东北、华北地区得到广泛应用。贝达的扦插发根容易，欧亚种或欧美杂种嫁接亲和力均好，小脚现象不明显，根系又抗寒，是个较好的砧木，但它对接穗品种的生长、产量及品质等方面的影响尚待进一步试验。

6. 抗砧 3 号　中国农业科学院郑州果树研究所以河岸 580 为母本，SO4 为父本杂交育成的葡萄砧木新品种。植株生长势旺盛，

产条量高，生根容易，根系发达。耐盐碱（0.5％NaCl 溶液），高抗葡萄根瘤蚜和根结线虫，抗寒性强于巨峰和 SO 4，但弱于贝达。在郑州地区，4 月上旬开始萌芽，5 月上旬开花，花期 5～7 天，7 月上旬枝条开始老熟，1 月上旬开始落叶，全年生育期 216 天左右。适应河南省各类气候和土壤类型，在不同产区均表现良好适应性。对肥水要求不严格，为增加产条量和枝条成熟度，每年 10 月秋施基肥一次。为促进养分回流，增加枝条成熟度，枝条应在叶片自然脱落后采集。由于葡萄砧穗组合间的互作较复杂，不同品种间差异显著，为了确保安全，嫁接新品种时，应先做嫁接试验。

7. 抗砧 5 号　中国农业科学院郑州果树研究所以贝达与 420A 杂交选育而成的葡萄砧木新品种，极耐盐碱，高抗葡萄根瘤蚜，高抗根结线虫，适应性广。与生产上常见品种嫁接亲和性良好，偶有"小脚"现象。对接穗品种夏黑、巨玫瑰和红地球等葡萄品种的主要果实经济性状无明显影响。在郑州地区，4 月中旬萌芽，5 月上旬开花，7 月中旬果实开始。抗病性极强。多年试验观察，在安阳滑县万古镇的盐碱地、开封尉氏县大桥乡的重根结线虫地均能保持正常树势，嫁接品种连年丰产稳产，表现出良好的适栽性。抗砧 5 号生根容易，根系好，适应性广。但由于砧木品种对不同葡萄品种的影响存在着差异，为了确保生产安全，用作新育葡萄品种砧木时，应先做有关的嫁接试验。

第四章

标准化葡萄园建园

一、园地选定和规划

（一）园地选择

园地选择是标准化葡萄园建设的重要一环。葡萄园区应选择土层深厚、土壤肥沃、地势缓倾、阳光充足且远离有污染的工厂、病虫害少、排水良好、交通便利的地块。

1. 适宜的土壤 最适宜葡萄生长的是沙壤土，它排水、通透气性能好。山间谷地、平原水网的低洼地、水田旧址等必须经过土壤改良才能建园。

（1）低洼地、盐碱地和酸性土壤的改良 这种土壤一般含盐量偏高，葡萄根系生长不良，不宜种植葡萄，需要采取排水、降低地下水位、灌水洗盐等措施。或深耕地，增施有机肥料，地面铺沙、盖草，可以改变土壤理化性状。栽植沟内可多填入农家肥、秸秆堆肥、炉渣土等。

（2）沙荒地的土壤改良 这种地块一般土壤瘠薄，结构不良，有机质含量很低，不能满足葡萄生长发育需要，所以必须加以改良。如深翻熟化土壤、挖除石块回填有机肥、压土掺沙等。栽植前在栽植沟底可垫一层黏土，然后填入秸秆肥，上部填入黏土、肥料混合土，以保证葡萄根系生长，增厚土层，增加营养。

（3）山地果园 由于山地有坡度，水土易流失，土层较薄，不保水肥。可采取修筑梯田、挖鱼鳞坑等保持水土的措施，同时地面

覆草，可显著保水、增肥改良土壤。

2. 适宜的地势条件 标准化葡萄园应选在地势开阔平坦，排水良好的地方。狭窄的山沟和山谷，因光照不足且易积聚冷空气，易受霜冻，不宜选作葡萄园。在利用坡地建园时，应选择山谷两侧较温暖的山坡，必要时，应考虑设置防风林，合理配置葡萄行向。

3. 适宜的地理位置 鲜食葡萄园应尽可能设在交通方便的地方，便于产品外运。加工用葡萄园，从葡萄园到加工厂之间要有平坦通畅的公路，便于采收运输。

（二）葡萄园的规划

葡萄园规划是建立葡萄园前的总体设计，包括经营规划、园址选择、用地计划、防护林设置、灌排系统和水土保持规划、栽植设计、建设投资预算及效益预测等。对于有机生产，还必须考虑生态工程建设、间作等问题，充分利用各种资源，搞好立体化、现代化经营。

1. 防护林的设置 葡萄园的防护林应先于葡萄园建设，其有改善园内小气候，防风、沙、霜、雹的作用。防护林走向应与主风向垂直，有时还要设立与主林带相垂直的副林带。主林带由 4～6 行乔灌木构成，副林带由 2～3 行乔灌木构成。一般林带占地面积为果园总面积的 10% 左右。

2. 划分栽植区 为利于排灌和机械作业的方便，根据地形坡向和坡度划分若干栽植区（又称作业区），划分作业区时，要求同一区内的气候、土壤、品种等保持一致，集中连片，以便于进行有针对性的栽培管理。一般大型葡萄园，条件一致性强、坐落在平地上的葡萄园，每个小区可考虑为 8～10 公顷，栽植区应为长方形，长边为葡萄园的行向，一般不应超过 100 米。在丘陵坡地，应将条件相似的相邻坡面连成小区。在坡度较小的山坡地（5°～12°），可以沿着等高线挖沟成行栽植，而在坡度较大时（12°～25°），则需要修建水平梯田，梯田面宽 2.5～10 米，并向内呈 2°～3° 的倾斜，在内侧有小水沟（深 10～20 厘米），梯田面纵向应略倾斜，以便排灌水。

3. 道路系统　为通行机动车和农机，根据园地总面积的大小和地形地势，决定葡萄园道路的等级。主道路应贯穿葡萄园的中心部分，宽约 6～8 米。支道设在作业区边界，一般与主道垂直，宽约 6 米。作业区内设作业道，与支道连接，是临时性道路，可利用葡萄行间空地，一般宽约 4 米。主道和支道是固定道路，路基和路面应牢固耐用。

4. 排灌系统　排灌系统是我国大多数地区生产优质葡萄所必需的园地规划内容，一般排灌渠道应与道路系统密切结合，设在道路两侧。

（1）灌溉系统　灌溉系统包括水源、蓄水池、抽（引）水和灌溉渠（管）等设施。灌溉水源应在葡萄园附近，平地，以河水、井水、水库为主；山地，以水库、塘坝、泉水、引水上山、蓄水为主。抽（引）水设施主要包括泵房、取水口、泵机、配电及控制设备和输水管（渠）等。取水口处必须常年有流水，水质良好。如果地面水没有保障，则应考虑打机井抽取地下水。水泵的功率应大小适中，以能满足葡萄园设计提水量为原则。如果采用引水方式供水，则应考虑主要灌溉季节取水的可能性、水价成本、取水设施建造成本及管渠修建的成本等。提灌或引水灌溉的水通过输水干渠（管）进入葡萄园。输水干渠应以石衬里或水泥涂内壁成"三面光"。最好采用管道输水，以减少水的渗漏，节约水资源和取水成本。通常的沟渠系统包括总灌渠、支渠和灌水沟三级灌溉系统，按 0.5% 比降设计各级渠道的高程，即总渠高于支渠，支渠高于灌水沟，使水能在渠道中自流灌溉。

现代果园的灌溉系统还应包括喷灌和滴灌系统。特别是滴灌系统，既有显著的节水功效，又能满足葡萄生长发育的需要。滴灌是较为现代化的节水自动化灌溉技术，其系统组成包括：首部（取水、加压及控制系统，必要时增加水过滤和混肥装置）、管网和树下滴头三个主要部分。其水管按干管、支管、毛管三级排布，毛管

排布于树行之下。山地果园一般干管沿等高线按支路方向排布，支管纵坡方向排列，毛管沿等高线排布于树行下。滴灌系统的配型要与水源质量相匹配，并注意维护过滤器，以减少滴头或滴灌带的堵塞。

（2）排水系统　山地果园的排水系统包括拦洪沟、排水沟、背沟以及沉砂凼等。拦洪沟是建立在果园上方的一条较深的沿等高线方向的深沟，作用是将上部山坡的地表径流导入排水沟或蓄水池中，以免冲毁梯田。拦洪沟的大小应视上部坡面积降雨面积与地表径流而确定，一般以沟面上口宽1～1.5米，底宽1米左右，深1～1.5米，比降0.3%～0.5%为宜。还可在拦洪沟的适当位置建蓄水池，将排水与蓄水相结合，少量雨水贮入蓄水池，蓄水池满后再将山水排下山。山地果园的排水沟主要设置在坡面汇水线位置上，以使各梯田背沟排出的水汇入排水沟而排出园外。排水沟的宽度和深度也应视积水面积和最大排水量而定。一般可考虑排水沟的宽和深各为0.5米和0.8米，每隔3～5米修筑一沉砂凼，较陡的地方铺设跌水石板。排水沟最好也以"三面光"方式处理内壁。在排水沟旁也可设置一些蓄水坑或蓄水池，从沟中截留雨水贮于池中，也可设引水管将排水沟的水引入蓄水池贮备，供抗旱灌溉用。山地果园的排水沟通常利用自然沟，或对自然沟简单改造。山地梯田的内侧修筑深20～30厘米的背沟，使梯田土面的地表径流汇入背沟，再通过背沟排入排水沟。背沟要向排水沟方向以0.3%的比例倾斜，背沟内每隔5米左右挖一沉砂凼或在沟中筑一土埂，土埂面低于背沟上口10厘米，以沉砂蓄水。为了使山地果园排灌一体化，可将背沟高的一端与分水线处的灌溉沟相通，低的一端与排水沟相通，使背沟既可用作排水，又可用于干旱时灌溉。梯面应整理成外高内低的倾斜面，梯面外缘筑15～20厘米高的田坎，这样可防雨水从梯壁流下冲毁梯田，使梯面的雨水及时流入背沟排出果园。

平地果园的排水系统，是由园内设置的较深的排水沟网构成，也分小排水沟、中排水沟和总排水沟三级，但高程差是由小沟往大沟逐渐降低。

有机地块与常规地块的排灌系统应有有效的隔离措施，以保证常规农田的水不会渗透或漫入有机地块。

5. 管理用房 包括办公室、库房、生活用房、畜舍等，修建在果园中心或一旁，有主道与外界公路相连。用于观光采摘的葡萄园，还应有供游人休息或娱乐用的相关建筑。占地面积一般不超过葡萄园的 2%～5%。

6. 肥源 为保证每年施足基肥，葡萄园必须有充足的肥源。尤其是有机葡萄园有机肥应主要来源于本农场，可在园内设绿肥基地，种植玉米等饲料作物，养殖猪、鸡、牛、羊等畜禽，自制堆肥。一般按每 667 米² 施农家肥 5 000 千克设计肥源。

7. 品种配置 大型葡萄园应选择适宜当地生态条件的品种种植，最好是经过生产试种过的品种。一个园子内栽植的品种不宜过多，以 3～5 个为宜。每一个栽植小区内种植一个品种或同一类型的品种，以便于管理操作和果实的看管。

8. 栽植方式 为了灌水和耕作管理的方便，一般葡萄多采用畦栽方式。各地由于立地条件和栽培习惯不同，畦作的形式也有所不同，主要有如下三种：

平畦栽培：在每一行的定植沟上整平土地，沿栽植行作畦，两侧起畦埂。畦宽 80～100 厘米，畦埂高 20 厘米，栽植时苗木根茎部应与畦面相平。这种栽植方式是目前生产上应用最多、最广的一种方式，适用于平地、山地和沙荒地葡萄园。由于是平地作畦，整地、灌水和防寒等作业都很方便。

高畦栽培：在一些地下水位高或低洼易发生涝害或含盐碱较重的地块，多采用高畦栽培。畦面（定植行）高于果园其他部分20～40 厘米。这种方式由于栽植点高，使水位相对降低，有利于葡萄根系的生长发育。

低畦栽植：将葡萄栽在定植沟内离地面 20～30 厘米深处的向阳的一侧。这样，每一栽植行形成一条浅沟。这种方式多用于北方须埋土防寒地区，可以提高保温效果，而且埋土时取土量小。但只限于在沙地等排水良好的地块使用，排水不良或黏土地不宜使用。

9. 架式和行株距 选择架式一般应根据品种特性、当地气候特点以及当地栽植习惯来确定。一般在我国长城以北地区大多采用棚架，以便有较宽的行距，供冬季植株防寒取土。而在长城以南至黄河流域的葡萄产区多采用篱架。生产中用得最多的是单壁篱架。篱架以南北行向为宜，这样植株的两侧均可以较好地接受光线。在纬度较低的南方地区，也可以采取东西行向。棚架则宜采取东西行向，架口朝南。

葡萄的株行距因架式、品种和气候条件不同而异。一般生长势强的品种、生长期长的地区，株行距可稍大；反之，生长期较短地区、生长势较弱的品种，株距可稍小。常用的葡萄行株距设置见表4-1。

表4-1　葡萄的行株距和栽植密度

架　式	行距 （米）	株距 （米）	栽植密度 （每667米² 株数）
单篱架	1.5～2.5	1.0～2.0	133～445
单篱架（高宽垂栽培）	2.5～3.5	1.5～2.0	76～178
双篱架	2.5～3.5	1.0～2.0	95～267
棚篱架	3.5～4.0	1.5～2.0	83～127
大棚架	8～10	1.0～1.5	58～83
小棚架	4.0～6.0	0.5～1.0	111～334
屋脊式小棚架	1+7.0～9.0*	0.5～1.0	133～334

注：* 双行带状栽植，即双行之间1米小行距，带距7～9米。

栽植密度计算公式为

$$每\ 667\ 米^2\ 栽植株数 = \frac{667}{株距 \times 行距}$$

（三）有机葡萄园建园时的特殊注意事项

（1）有机葡萄园选址建园要避开重茬地。

（2）在最近 3 年内未使用过有机认证标准中的禁用物质。

（3）应建立长期的土壤培肥、植物保护、作物轮作和畜禽养殖计划。

（4）无明显水土流失、风蚀及其他环境问题。

（5）如果有机生产区域有可能受到邻近的常规生产区域污染的影响，则在有机和常规生产区域之间应当设置缓冲带或物理障碍，保证有机生产地块不受污染。以防止临近常规地块的禁用物质的飘移。

（6）在有机生产区域周边设置天敌的栖息地，提供天敌活动、产卵和寄居的场所，提高生物多样性和自然控制能力。

（7）有机葡萄园应当建立在土壤肥沃、土层深厚、有机质含量高、质地疏松、营养丰富、坡度不大、没有特殊障碍（如地下水位过高、土壤含盐量过高、pH 不适宜、1 米土层内存在石板或黏板层）的地方，增施有机肥，积极培肥地力，保证有机果品生产的持续进行。

（8）常规葡萄园使用的设备在用于有机生产前，应得到充分清洗，去除污染物残留。

（9）在使用保护性的建筑覆盖物、塑料薄膜、防虫网时，只允许选择聚乙烯、聚丙烯或聚碳酸酯类产品，并且使用后应从土壤中清除。禁止焚烧，禁止使用聚氯类产品。

二、科学选用葡萄品种

（一）根据品种的适应性

在进行葡萄生产、确定品种时，要考虑到不同的品种起源不同，其适应性也不同。充分了解品种的优点和局限性，合理地选择品种。

葡萄在植物分类学中属于葡萄科，葡萄属。葡萄属约有 70 个种，我国约有 35 个种，其中用于栽培的有 20 余种。分布在亚热

带、温带和寒带。但是栽培面积最大的主要只有两种：欧亚种葡萄和欧美杂交种葡萄。

1. 欧亚种葡萄 该种葡萄起源于欧洲和亚洲，是栽培上最重要、经济价值最高的种，世界上著名的生食、酿造及加工品种均属本种。目前世界上有数千个品种来源于本种。

本种中的品种根据起源又可分为三个生态地理品种群：

（1）东方品种群 该种群起源于西亚。原产于我国的栽培品种就是起源于本品种群。主要适应西北、华北的大陆性干旱气候，如著名的古老品种龙眼、牛奶、无核白、瓶儿、红鸡心、白鸡心等。

本种群生长势旺或极旺，生长期长，不抗寒、不抗病，但抗热、抗旱、较抗盐。多为鲜食品种，少数为酿酒、制干品种或兼用品种。

（2）西欧品种群 原产于西欧的法国、意大利和西班牙等国。本种群内大部分为酿酒品种，如赤霞珠、贵人香、黑比诺、雷司令、法国蓝等。兼用品种很少。

本种群生长势较弱，生育期较短，抗寒、抗病性较东方品种群略强。

（3）黑海种群 起源于黑海沿岸及巴尔干半岛各国，是上述两个种群的中间类型，多数为鲜食、酿造兼用品种，少数为鲜食品种。主要品种如大可满、巴米特、晚红蜜、白羽、白玉等。

本种群生长势旺或中等，生长期较短。稍抗寒，稍抗病，不耐旱。

2. 欧美杂交种葡萄 该种葡萄是由北美种群的葡萄与欧亚种群葡萄杂交培育而成的杂交种。该种葡萄结合了两种葡萄的优点。既具有美洲葡萄的适应范围广、容易栽培、既抗病又抗寒等优点，又有欧亚种群果实品质好、耐热等优点。因此其中不少品种成为全国各地的主栽品种。如巨峰、藤稔等。

（二）根据当地的生态环境

我国幅员辽阔，地理状况复杂、不同地区的生态和气候条件也千差万别。因此在选择品种时，要先了解当地的气候、土壤条件，因地制宜地选择适合的栽培品种。

根据罗国光提出的中国葡萄气候区划方案，我国葡萄栽培可以分为如下几个区域，在选择品种时可以参考。

1. 冷凉区 在我国葡萄栽培的最北部地区，包括①甘肃河西走廊中西部、晋北和内蒙古土默川平原以及②东北中北部及通化地区。这一区域冬季严寒，生长期短，只能种植早、中熟品种，必须使用贝达、山葡萄等抗寒砧木，并且加厚冬季防寒埋土的厚度。其中①部分区域日照充足，昼夜温差大，降水量少，可以生产优质的欧亚种鲜食葡萄，也可作中国优质葡萄酒的原料基地；②部分区域雨量较大，在选择品种时要注意品种对严寒和病害的抗性。

2. 凉温区 包括①河北桑阳河谷盆地、内蒙古西辽河平原、晋中太原盆地和甘肃河西走廊武威地区以及②辽宁沈阳、鞍山地区等。早中晚熟品种均可栽培，但不适宜种植极晚熟品种。提倡使用抗寒砧木并埋土防寒。其中①属半干旱地区，气候较干燥，日照充足，昼夜温差大，可以作优质鲜食葡萄和酿酒葡萄原料基地；②区成熟期降雨较多，不宜发展优良的酿酒葡萄，应以鲜食葡萄为主。

3. 中温区 包括①内蒙古乌海地区和甘肃敦煌地区，②辽南、辽西及河北昌黎地区以及山东青岛、烟台地区。这些地区是目前我国葡萄的集中种植区，冬季需要埋土防寒。其中①区气候干燥、昼夜温差大，可作为欧亚种优质鲜食葡萄和葡萄干基地；②区成熟期雨量较大，在品种选择时适当注意抗病性。

4. 暖温区 包括①新疆哈密盆地及南疆地区，②关中盆地及晋南地区，③京津地区以及河北中部和南部。这些地区早中晚熟品种均可种植，除②以外，冬季均需要埋土防寒。其中①气候温和干燥，昼夜温差大，日照充足非常适宜葡萄栽培，可以发展一些优质耐贮的高档鲜食葡萄；②和③年降水量在 500～700 毫米，成熟季节降雨较多，以发展鲜食葡萄，其中京津地区已是我国优质酿酒原料基地之一。

5. 炎热区 包括新疆吐鲁番盆地和黄河故道地区，前者气候

干燥，日照充足，热量极高，是我国最大最有名的葡萄干生产基地，但冬季须埋土防寒。后者日照充足，生长期长，但夏季高温多湿，病害严重，且成熟期昼夜温差小，适宜发展一些较耐湿热的品种，以生产上等葡萄酒和鲜食葡萄、制汁葡萄为主，冬季露地可安全越冬。

6. 湿热区　包括我国长江以南的广大地区。热量充足，但阴雨天多，光照不足，温度高，昼夜温差小，病害严重。宜选择种植欧美杂交品种，种植欧亚种葡萄时要实行避雨栽培。

（三）根据当地的经济和市场，按市场定位选择品种

不同的地区，无论是果农还是消费者的经济基础和条件都不相同、市场对果品的要求也会有所不同。在选择品种的时候也要充分考虑到这个因素。一般在城市郊区，以发展高档果品为主要目标，要求品种外观品质和风味品质俱佳，近几年观光休闲采摘果园快速发展，可以选择一些品质优秀但耐贮运一般的品种。购买力较低，经济不发达，但气候条件好的地区，要选择耐贮运性能好的品种，以保证远途运输的需要。总之，定位为大宗市场的选择批发市场表现好的品种；定位为观光采摘型则需选择特点鲜明的品种。

（四）选用优良品种

根据市场需要，选栽适于当地种植的优良品种。对于鲜食品种，发展那些外观好，粒大、质量上等、口感好、带香味有特色的品种。对于酿酒葡萄品种，品质是否优良主要视果实含糖量高低、出汁率的多少及酿的酒质如何而定。因此，根据当地土地条件、厂方要求，适当发展酿酒葡萄优质品种。对标准化栽培来讲，品种的抗病、抗虫特性是值得注意的一个重要问题。

（五）有机生产时品种的选择

（1）选择适应当地土壤和气候条件，对病虫害有抵抗力的品种。在选择品种时应考虑保持遗传的多样性。

（2）所有种植材料都应是被认证为有机的。对于处于发展最初阶段的地区，新成立的机构可以确定一个全部从认定的有机生产系统引进植物材料的最后期限。如果可以得到有机的种子和种苗，生产上就必须采用。认证机构应该制定时间限制要求使用认证的有机种子和种苗。

（3）禁止使用经禁用物质和方法处理过的种子或种苗。

（4）禁止在有机生产中引入或使用遗传工程生产的种子、花粉、转基因植物或其材料。在同一果园中同时生产有机、有机转换或常规产品的情况下，常规生产的部分也不得引入或使用转基因生物。

三、土壤处理

标准化葡萄园尤其是有机生产葡萄园在建园时都应该对土壤进行严格整理与消毒，包括消除前物的残枝败叶、树桩残根；对土地进行耕翻、晾晒、灌水，促进有机残体的腐烂分解；改土施肥，增施有机肥，使土壤活土层达到 60 厘米以上，使有机质含量超过 1％，必要时在定植穴内换土。

（一）整地改土

1. 平地建园

全园改土法：平地建园可以将有机肥和绿肥或秸秆切碎，按所需数量均匀撒在地表，再用深耕机全园翻耕 50 厘米。

壕沟改土法：即先按设计行向测量定出定植行中心线，沿此线

挖出宽、深均为 80～100 厘米的壕沟，暴露一段时间后，分层压绿回填。每米壕沟至少压埋 50 千克绿肥或植物秸秆，在表层土壤中混入一些堆肥或厩肥。如果土壤偏酸，应在回填时混合一些石灰或酸土改良剂；如果土壤偏碱，应在回填时混合一些酒糟或碱土改良剂；如果为钙质土壤，则需要在土壤中混入适量的硫黄粉。回填完后要将定植行堆成高垄，使土壤沉实后仍可保证地面的平整。

不论什么类型的土壤，都应当大力增施有机肥，而不能用工矿废渣等有毒有害物质改良土壤。在海滨或水田中建园，应将定植行筑成高畦，其间挖出深沟，以降低地下水位，增加有效土层厚度。

海涂盐渍地应引入大量淡水多次漫灌园区土壤，以达洗盐作用，降低土壤盐分含量；或者在沟穴底下部 60 厘米处埋 30～40 厘米厚的杂草（压实后约 5 厘米厚），以吸附并阻断上返盐分。果园建成后，应在定植前种植一季短期耐盐或吸盐力强的先锋作物，例如田菁、咸草、大米草、大麦、棉花等，达到降盐改土的作用。

2. 山地建园　为了保持水土，加厚土层，方便管理，为葡萄的生长发育创造适宜的立地环境，山地建园需要修筑梯田。按设计的行距在梯面或坡面上划出定植行中心线，并在中心线两侧划出壕沟边线，挖出 80～100 厘米深、100 厘米宽的定植壕沟，分层压埋绿肥，表层回填土中混入腐熟的有机肥。回填完毕后，将定植壕堆垒，形成高出地面约 20～30 厘米的垄。在垄上种一季西瓜，或在改好的梯面上种一季豆科绿肥，以短养长，提高肥力。

（二）土壤消毒

目前，有机生产园的土壤消毒主要依靠热力技术，主要有土壤暴晒、施肥发酵等。土壤暴晒技术是"在炎热的季节（夏季）用塑料薄膜覆盖土壤（一般要求含水量在 60%～70% 的潮湿土壤）4 周以上，以提高土壤温度，杀死或减少土壤中有害生物"的一项技术。它的主要原理是应用经热灭菌的作用，杀死土中有害生物。

土壤暴晒可引起土壤的变化，比如暴晒后土壤中的铵态氮、硝态氮、镁离子、钙离子浓度增加，土壤导电性增加，土壤结构改善，团粒结构增加。土壤暴晒还可以改变土壤中的生物群落，防治土传有害生物，如土壤中的芽孢杆菌、荧光杆菌、青霉菌、曲霉菌、木霉菌等有益微生物的种群数量增加，而土传有害生物种群数量降低，发病率减少，如线虫的螺旋属等的种群数量减少，发病率降低。

土壤暴晒技术的重点是塑料薄膜的覆盖，有两种使用方式，一是在种植前将塑料薄膜完全平铺或者是像畦田（床式）覆盖。另一种是种植后在果树树干周围的土壤暴晒消毒，也可用在树苗苗床消毒。一般可采取如下处理方法：

（1）单膜覆盖（膜厚度 60～80 毫米）　在亚热带气候地区应用单层膜覆盖土壤，足以达到消灭土传有害生物的效果。

（2）双层膜覆盖　在暖温带地区，如日本和欧洲地中海地区，在温室中使用双层膜覆盖能防止热量、温度和挥发气体的散失，能提高温度 3～10℃，增加防治有害生物的效果。

（3）黑膜覆盖加土壤热水处理　田间应用黑色膜覆盖，同时在 10～20 厘米的土壤中，灌进 15～20℃ 的温水，能使土壤温度提高到 56～60℃，提高防治效果。

（4）土壤施上未腐熟的有机肥再覆膜，靠有机物的腐熟发酵促进增温。

（5）土壤中埋设电热线再覆膜，通过电加热进一步增温。

（6）其他技术　如使用能吸收红外线的热塑料膜，土壤覆膜和加入有机农业允许使用的杀菌杀虫剂可进一步提高消毒效果。

使用土壤暴晒技术对气候条件有一定的要求，夏季气温比较低的地方不太适宜；土壤覆膜时间长达 4 周以上，对土壤资源有一定浪费；该技术要求土壤湿润，需要增加额外的灌溉水，在缺水的旱作区应用有局限性；土壤深层的病原生物依然得不到防治；覆盖后的塑料残膜，仍要污染农田。但是能有效地铲除土传有害生物，减轻土壤盐碱化程度，促进植物的生长；可以替代农药如溴甲烷，减少污染，保护环境。

深翻换土等方式也能起到土壤消毒的作用。深翻换土，即在定植穴内进行深翻，把定植穴内 0.5 米³ 的土壤挖起移走，换好土填入定植穴，然后栽植果树。

土壤消毒之后微生物总量会减少，所以需要增施有机肥，促进微生物大量繁殖，促进土壤有机物分解，增加土壤"活力"。但土壤微生物中除了有益微生物之外，也包括病原菌、害虫等，因此，在土壤施加有机肥的同时，必须配合添加有益微生物以对抗病原菌。这些有益微生物有的围绕在根表面周围，成为"根圈菌"。生活于根圈的微生物能够分泌出各种有机物，如氨基酸、生长激素等，这些有机物对植物生长发育和提高作物产量和质量有显著的效果。有的微生物侵入根部组织内，在根部细胞内繁殖，成为"菌根菌"，它不会破坏根部组织，却能与根细胞交换物质，共存共荣，促进根部活力，增强根系吸收力和自然抗病力。

土壤有益微生物主要有：

固氮菌群：固定自然界氮分子为氮源，制造肥分。

硝酸菌群：转变有毒氨气为硝酸态氮，供植物吸收。

溶磷菌群：解开土壤不溶性磷酸盐，特别是磷、铁、钙肥。

酵母菌群：制造维生素，生长促进素，分解有机物，增加抗病力。

乳酸菌群：分泌有机酸，提高植物抗病力。

光合成菌群：制造葡萄糖，分泌类胡萝卜素，消除硫化氢及氨气等有毒物质产生。

放线菌群：长期分泌定量抗生物质，抑制病害。

生长菌群：长期分泌定量植物生长荷尔蒙，促进根、茎、叶苗壮生长。

四、苗木生产

（一）苗圃的建立

1. 苗圃地的选择　用作葡萄育苗的地块应具备以下条件：①

苗圃应建在地势平坦、背风向阳、光照充足和便于耕作的地方，地势坡度最大不超过 3°。②土壤以较肥沃的轻壤土为最佳，pH 以 6～8 为宜。③地下水位在 1 米以下。④交通运输方便。

2. 苗圃地规划 ①葡萄苗圃应包括母本园和繁殖区。繁殖区划分为自根苗培育区和嫁接苗培育区。②整个苗圃的道路网、灌溉与排水系统、防护林营造及各种建筑物必须有利于苗木生长，便于管理而又不浪费土地。③繁殖区小区形状以长方形为宜，一般其宽度为长度的 1/3～1/2，长度不限；或以 0.10～0.15 公顷为一个小区。④繁殖区应进行合理轮作，繁殖同种苗木至少需间隔 2 年以上。⑤规划的区、畦，必须进行统一编号，对各区、畦内的自根苗和嫁接苗品种要认真登记、建档保存，做到各类苗木准确无误。

（二）扦插育苗

1. 硬枝扦插

（1）插条的采集 选品种纯正、健壮、无病虫害的丰产植株，剪取充分成熟、节间适中、芽眼饱满、没有病虫害和其他伤害的一年生成熟枝条为种条。将种条剪成长 0.5～1 米的枝段（粗度 6～12 毫米为宜）。将采集的枝条分开上下端，按 50 或 100 根集束成捆，上下捆扎两道，挂上标牌，注明品种和采集日期，以防止混淆。

（2）插条消毒 插条在扦插前须用药剂消毒处理，以免病虫传播。虫害发生较严重的果园，使用 50％辛硫磷 800～1 000 倍液或 80％敌敌畏 600～800 倍液，浸泡枝条或苗木 15 分钟，捞出晾干后使用。

病害较严重的果园，用 1∶100 倍硫酸铜溶液，浸泡枝条 15 分钟，捞出晾干使用。

综合处理方法：43～45℃温水中浸泡 2 小时，捞出后放入硫酸铜和敌敌畏配合的溶液中（100 千克水中加入 1 千克硫酸铜，再加入 80％敌敌畏 150 毫升，混合均匀），浸泡 15 分钟，捞出晾干

使用。

（3）插条的贮藏　贮藏温度−1～2℃，插条以湿沙覆盖，沙子以手握成团不滴水，张手裂纹而不散为宜，空气相对湿度80%～85%，在贮藏期间始终要注意防止插条过干或过湿，防发热，防霉烂。

贮藏方法：在避风向阳、地势略高的地方，沿东西向挖深宽各约1米的沟，先在沟底平铺5～10厘米厚的湿沙或细沙土，将插条一捆挨一捆地横放或立放，捆间用湿沙充满。平放时可码放3～4层，每层之间也用湿沙填满（不漏缝）。上部用湿沙或沙土覆盖。为了防止枝条发热、发霉，可在沟的中心带竖置一捆直径约10厘米的秸秆，每隔2米放一捆，作为通气孔。初冬气温较高时或春季回暖后要各倒条一次（将插条取出晾放30分钟左右，再依上述方法贮藏）。

（4）扦插前的插条处理

①插条浸水　插前将插条捆浸入15～16℃的清水中1～2昼夜。

②插条剪截　将插条剪成带2～3个芽，长约15厘米左右的枝段，每一段的上端剪口均离芽约1.0～1.5厘米平剪，下端剪口约在芽下1～2厘米处斜剪。

③催根处理　扦插前可以用50毫克/千克的ABT生根粉浸插条基部2～3小时，或用300毫克/千克萘乙酸NAA浸蘸插条基部3～5秒钟催根。也可以对插条下端施以较高的温度（26～28℃）和湿度（85%～90%）的方法，如利用太阳热、马粪发酵热、火炕催根、冷床催根等。催根时将插条插于沙床或蛭石床中，待其愈伤组织形成或开始发出新根时移入育苗地。催根期间应适当遮阴，使上部芽不萌发或少萌发，提高扦插成苗率。目前电热线催根是大面积育苗的主要催根方法。

（5）扦插方法

A.露地扦插　催根处理后的种条，在地温20℃左右时做畦或起垄扦插到繁殖圃中。一般行距40～60厘米，株距15～20厘米，扦插前要用扎孔器（铁制或木制）按行株距先扎孔，然后将催好根的插条小心插入孔中，顶芽朝南与地面等高或露出地面。然后灌水，待水渗下后，顶芽上覆土（河沙与土混合）3～4 厘米，萌芽后除去覆盖土。

B. 地膜覆盖扦插　先将育苗床灌好底水，喷上除草剂，再覆盖地膜增温；接着用径粗 2 厘米的木棍按插条行株距插眼，在眼里插入催过根的硬枝种条，要求顶芽高低一致，方向一致露在外边，用水壶对眼灌水后，再用沙壤土将插眼和顶芽盖严，盖土厚度为4～5 厘米。

（6）扦插苗的管理　在出苗前后要适时灌水。在整个生长期要注意松土除草，结合浇水进行 2～3 次追肥，每 667 米² 施氮、磷、钾有效量约 1 千克，氮肥主要在前期施用。结合喷药防病可进行根外追肥，喷尿素液 0.3％～0.5％，过磷酸钙液 0.3％～0.5％，还可喷施硫酸硼（0.01％）、硫酸锌（0.05％）等微量元素。随着扦插苗的生长，注意每株保持一个健壮新梢，及时控制副梢，可在苗高 40～50 厘米时摘心。以促进枝条成熟。在整个生长期内须要进行仔细的防病工作，其主要病害有黑痘病、霜霉病、白粉病、毛毡病等。

（7）营养袋快速育苗

①2 月下旬至 3 月上旬将硬枝插条（直径大于 0.7 厘米）剪成单芽插条，上端在芽眼上 1 厘米处平剪，下端在下一个芽眼上端1～1.5 厘米处斜剪，放入高 10 厘米的沙盘内，行株距 3 厘米×3厘米。

②当幼苗长至 5～7 厘米，有 4～5 条小根发出时，将小苗移栽入营养袋中。塑料营养袋宽 8 厘米（口径 5 厘米）、高 16 厘米，袋底正中剪一直径约为 1 厘米的小孔，也可用无底袋，以地面为底。袋中充填营养土，其配制比例为园土、粗沙、腐熟有机肥各占1/3。

③将营养袋在温室地表紧密排列成宽 60～70 厘米的育苗带，带与带之间相距 15 厘米，每 1 平方米可放 300～400 袋，温室内白

天气温控制在 25℃ 左右，晚上土温不低于 15℃，空气相对湿度 80%～90%。根据袋内含水情况，及时浇水和浇营养液。

幼苗在温室内生长 45～50 天，每株有长 10 厘米以上的根 4～5 条，幼苗高度达 20 厘米左右时即可起苗定植入葡萄园中。

2. 绿枝扦插　在葡萄生长季节，利用夏剪时剪下的半木质化的新梢作扦插材料。将绿枝插条快速剪成 2～3 节，上边一节以副芽刚萌动为好，插条上只留顶芽全叶或半片叶。剪后立即将基部浸于清水中，并遮阴待用。扦插前用 ABT 生根粉水溶液，浸沾插条基部 3～5 秒钟，取出后用清水冲洗掉附在表面的药液，立即开沟直立埋在床里。行株距多为 30 厘米×15 厘米，深度为顶芽露出床面 1 厘米左右。插后立即浇透水，扣上塑料小棚或大棚，并遮阴。棚内温度控制在 25～28℃，在遮光、通风条件下，15 天左右即可生根。如没有雾化机，每天用喷雾器喷 4～5 次水，使棚内湿度处于临近饱和状态，插条叶面保持着水层为宜。扦插后每隔半月要结合喷水喷洒 2～3 次 50%多菌灵 1 000 倍液或 75%百菌清 600～800 倍液杀菌剂，防止病害发生蔓延。当根发出后要注意通风，在移栽前 3～5 天撤掉塑料拱棚，蹲苗 3～5 天。

绿枝扦插育苗，对基质要求比较严格。采用新木屑、蛭石、净河沙等基质均可，但必须用 0.3%高锰酸钾消毒杀菌，以防绿枝基部霉烂。

（三）压条繁殖

于生长期在成年葡萄植株上进行，在葡萄休眠期或生长期（用绿枝），把成年植株下部的 1～2 年枝蔓进行环状剥皮后，作波浪状埋入土中，深度 8 厘米左右，压实土壤，浇透水，待新梢伸长 15 厘米左右时摘心，并立细竹竿为支柱绑扎。生长期注意肥水管理，冬季落叶后与母株切断，把压条苗全部挖起，将地下连接一起的枝蔓剪断分开，即可获得苗木单株。

（四）嫁接苗的培育

1. 砧木苗的培育　砧木品种可选贝达、5BB、SO4 和山河 1、2、3、4 号等抗逆性强的品种。砧木苗可用种子或枝条培育。

（1）实生砧木苗培育　将收集的砧木种子，用清水除去种皮和汁液，阴干后放在低温、干燥处保存。

层积处理：播种前两个月，将种子与 3～4 倍含水 5％以内的净河沙混合后，放在 3～5℃的低温里，经过 60 天左右完成后熟。种子沙藏期间，要注意检查沙内的温湿度和有无鼠害。春季气温回升后催芽。将种子翻倒，1～2 天后，与 3 倍的河沙混合，均匀平铺在放有塑料膜的电热毯或火炕上，厚 5～10 厘米，上面盖一层塑料膜或纱布，再放一层混有湿沙的种子，其上再盖一层塑料膜。电热毯或火炕上的温度要保持在 20～25℃。在催芽过程中每隔 1 天上下翻动 1 次，经过 5～7 天后，种子即可裂嘴露白，30％左右的种子露白时就可播种。

砧木种子播种：砧木种子播种时间在早春 3～4 月，将催好芽的种子，播在整平的南北向长畦中，畦宽 1 米，每畦开 2～3 个小沟，灌足底水，底水渗下后，按株距 8～10 厘米，在沟内点播或条播，种子上覆盖 1.5～2 厘米厚的沙壤土，轻轻压实，使种子与土壤紧密接触，以利发芽。隔 2～3 天用细眼喷壶喷水，保持种层土壤疏松而湿润，以利种子发芽。

（2）硬枝插条砧木苗的培育　插条砧木苗的培育方法包括种条的采集、消毒、贮藏、扦插方法、苗期管理等，均与品种扦插苗培育相似。请参照硬枝扦插育苗。

2. 硬枝嫁接育苗

（1）露地就地嫁接　利用头年秋季田间的砧木苗，或在多年生的老蔓上，于早春在伤流期过后就地嫁接，常用方法有腹接或劈接。

A. 腹接　在砧木距地面 5～7 厘米的地方剪去上面的枝蔓，然后在砧木表面光滑、纹里平直没有扭曲且宽的部分侧方用剪枝剪剪

一剪口，再将事先削好的接穗插入剪口。接穗削成楔形，接穗采用单芽及双芽均可。嫁接时接穗的形成层与砧木的形成层相互吻合，然后利用湿润的细土覆盖。

B. 劈接　在砧木离地面 5～7 厘米的地方将上面的枝蔓剪去，要求剪口处光滑，以利于愈合。选择表面光滑、平直（不要选择扭曲部分）的宽面垂直劈开，劈口的深度要与接穗的楔形长度相同。然后再将事先削好的接穗插入劈口，接穗要削成长楔形，楔形的下刀处最好削成一个凹棱，形成一面一个肩膀。插入时接穗与砧木的形成层要吻合，接穗基部的两面凹棱肩膀应露出砧木顶部 1～2 厘米（露白）。用塑料条将嫁接口包扎严实，然后用湿润的细土覆盖拍紧。

（2）室内嫁接　砧木品种和接穗品种枝条的采集和贮藏与扦插育苗相同，人工嫁接的方法多用舌接。早春时在室内将粗度相同的砧木和接穗硬枝枝条用快刀从背腹面削成相同的斜面，斜面长度为枝条粗度的 1.5 倍，在斜切面上各切开一小舌片，将砧木和接穗的小舌片互相插入。室内枝接时，有时还用劈接法，将接穗从两面削成楔形，插入劈开的砧木中，对准形成层，然后用塑料条绑紧。

为促进接口良好愈合，嫁接条应立即放入塑料袋中进行处理，使嫁接条在 25～28℃ 以下，经 15～20 天后，接口全面长出愈伤组织，砧木基部产生根原基或幼根，经过通风锻炼后，即可扦插于露地或在温室中培育一段时期后再移植。

3. 绿枝嫁接育苗

（1）嫁接时间　砧木和接穗达半木质化时即可开始嫁接，可一直接到成活的苗木新梢在秋季能够成熟为止。北京地区一般在 5 月下旬至 7 月上旬均可进行。

（2）砧木的处理　当砧木抽出 8～10 片叶时，对砧木进行摘心，去掉副梢，促进增粗生长。2～3 天后，彻底抠出基部腋芽，在砧木基部留 2～3 片叶子，节上留 3～4 厘米的节间剪断。

（3）接穗采集　绿枝嫁接接穗的采集可与夏季修剪时疏枝、摘心、除副梢等项工作结合进行，要求品种纯正、生长健壮、无病虫害，最好在苗圃附近采取，随剪随接，成活率高。绿枝剪下后立即去掉叶片，放在小塑料桶中用湿毛巾盖好，最好在苗圃附近采取，随剪随接。如果需要远距离运输接穗，则将去除了叶片的接穗捆成小捆，用叶片包裹后外包塑料薄膜，3 天内接完。嫁接前先将接穗的绿枝用锋利芽接刀或刮脸刀片在每个接芽节间断开，放在凉水盆中保存。量大时可放冰箱中保存。

（4）嫁接方法　主要是劈接。用刮脸刀片或锋利的芽接刀在砧木断面中间垂直劈开，长 2.5～3 厘米。再选与砧木粗度接近的接穗，在接穗芽的下方 0.5 厘米左右，从两侧向下削成大约长 2.5 厘米、宽 0.6 厘米的两侧平滑的楔形斜面，立即插入砧木劈口中，注意使接穗有芽的一侧与砧木的一边对齐，接穗斜面刀口在砧木横切面上露出 1～2 毫米，俗称"露白"，以利愈合。然后用薄塑料条从砧木接口下边向上缠绕，只将芽露在外边，一直缠到接穗的上剪口，封严后返回打个活结。注意塑料条必须缠紧、缠严才能确保嫁接苗成活。

（5）嫁接苗的管理　嫁接后要及时灌水、抹掉砧木上的萌蘖并加强病虫害的防治工作。当接芽抽出 20～30 厘米新梢时，引缚到竹竿或铁线上，同时及时对副梢留 1 片叶摘心，促进新梢的生长。6～8 月，每隔 10～15 天喷 1 次杀菌剂＋0.2%的尿素。干旱时注意及时灌水。8 月中下旬对新梢摘心，并结合喷药，喷 0.3%的磷酸二氢钾 3～5 次，促进苗木新梢健壮生长。

（五）苗木出圃

苗木出圃包括起苗和苗木分级、检疫与消毒、包装运输及贮藏等。苗木出圃前，首先调查扦插与嫁接各品种苗木的数量，并挂牌和登记。保证出圃苗木品种纯度。

1. 起苗和苗木分级

（1）起苗　葡萄苗木多在秋季被轻霜打落叶后进行起苗。起苗应注意保持苗木根系完整不劈裂，根系长不小于 20 厘米；新梢剪

留长度在接口上保留 3～4 个饱满芽眼，苗木要随起随拣，10 株或 20 株一捆，每捆拴一个标牌，写明品种名称和苗木级别，放在阴凉处临时假植。

（2）分级 见表 4－2。

表 4－2 葡萄苗木质量标准

项 目			等 级	
			一 级	二 级
扦插苗	根系	侧根数	8 条以上	6 条以上
		侧根长度	20 厘米以上	15 厘米以上
		侧根粗度	0.4 厘米以上	0.2～0.3 厘米
		侧根分布	分布均匀，不卷曲，须根多	分布均匀，不卷曲，须根多
	蔓	基部粗度	1.0 厘米以上	0.6～0.8 厘米
		饱满芽	7～8 节芽眼饱满健壮	5～6 节芽眼饱满健壮
嫁接苗		砧木高度	15～20 厘米	15～20 厘米
		接合愈合程度	完全愈合	完全愈合
		根、蔓	与扦插苗相同	与扦插苗相同
		机械损伤	无	无
		检疫性病虫	无	无

2. 苗木检疫与消毒 苗木出圃应由植检部门检疫，我国主要检疫对象是葡萄根瘤蚜和美国白蛾。对无检疫对象的一般苗木，在外运或入窖贮藏前必须经过消毒处理，以免病虫传播。根据苗木感染病虫的种类，对症应用消毒药剂。具体处理办法有以下几种：

A. 辛硫磷处理 使用 50％辛硫磷 800～1 000 倍液，浸泡枝条或苗木 15 分钟，捞出晾干使用。

B. 敌敌畏处理 使用 80％敌敌畏 600～800 倍液，浸泡枝条或苗木 15 分钟，捞出晾干使用。

C. 溴甲烷熏蒸处理 把种条、苗木放入密闭的空间内。在 20～30℃的条件下，每立方米的使用剂量为 30 克左右，熏蒸3～5

小时，有条件使用电扇或其他通风设备增加熏蒸时的气体流动。温度低的条件下可以提高使用剂量；相反，温度高时减少剂量。熏蒸后使用。

D. 硫酸铜处理　1∶100 倍硫酸铜溶液，浸泡枝条 15 分钟，捞出晾干使用。

E. 针对性处理　使用药剂，针对具体病害采用具体药剂。

F. 综合处理　43～45℃温水中浸泡 2 小时，捞出后放入硫酸铜和敌敌畏配合的溶液中（100 千克水中加入 1 千克硫酸铜，再加入 80% 敌敌畏 150 毫升，混合均匀），浸泡 15 分钟，捞出晾干使用。

上述 A、B、C 针对虫害，包括葡萄根瘤蚜和美国白蛾；D、E 主要针对病害；F 是综合性措施。可以根据具体情况而定。

绿色 AA 级生产和有机生产时可采用方法 D，或在 43～45℃ 温水中浸泡 2 小时后，再用 D 的方法处理。

3. 苗木包装运输及贮藏

（1）苗木包装运输　苗木包装的目的是防止在运输途中失水干燥、冻伤、擦伤等。包装时将苗木以 50 或 100 株打成捆，每捆挂好苗木标签标注，用塑料袋进行包裹，填充湿润的锯末或报纸等，封好塑料袋口。外层再用麻袋或编织袋等包裹。路途较远、运输时间较长时，应多加填充物。

苗木在运输过程中严防风干、冻伤和根系发霉（捂根），以免降低苗木成活率。气温低于−5℃或高于 20℃ 时都不能运苗或邮苗，以免根系冻伤和发霉。运输途中应注意检查苗包的湿度和温度，运到目的地后，要马上打开包装，用清水浸泡 3～5 小时，晾干后再贮藏或假植。

（2）苗木贮藏　见插条的贮藏。

五、葡萄园设架

1. 架材　不同地区的传统习惯和经济资源条件不同，可选择

不同类型的架材。一般葡萄园中常用的架材木柱、石柱、水泥柱、竹柱和钢柱。

以水泥柱为例，葡萄园用水泥柱由钢筋和水泥制作而成，每根水泥柱由 4 根钢筋制成骨架，再填充混合好的水泥、沙和小碎石。一般水泥用 400♯，钢筋用 φ6，边柱粗 10 厘米×12～15 厘米，中柱粗 10 厘米×10 厘米，长 200～270 厘米。这种水泥柱坚固耐用，可以使用 40～50 年以上，但一次性投资较大。近些年，有些地方用小竹竿代替钢筋做骨架制成水泥柱，使用效果也很好。

木柱在使用前要充分干燥，并进行防腐处理；竹柱使用前将埋入地下的部分涂上沥青。

2. 铅丝 镀锌铁丝，用以连接立柱或横梁而组成架面。架式种类和高矮不同，使用的铅丝型号也不同。一般常用 8 号、10 号和 12 号铅丝。

3. 设架 设架即建立葡萄架，一般在葡萄栽植后第二年开始生长之前完成。由于葡萄进入结果期以后，枝叶生长量大，葡萄架要负担的重量包括枝蔓和果实的重量，所以要求支架结实牢固，否则，若发生塌架，造成很大损失。

（1）篱架的建法 一般篱架栽植的葡萄行长 50～100 米，每隔 6 米左右立一根支柱（中柱），埋入土中深约 50 厘米，行内所有立柱要求高度相同，并处于行内的中心线上，偏差不超过 10 厘米，中柱应垂直，向行间偏斜不超过 2°，行内偏斜不超过 5°。每行篱架两端的边柱要埋入土中深约 60～80 厘米以上。边柱还需要固定。一是锚石固定法：在边柱外侧约 1 米处，挖深约 60～70 厘米的坑，坑里埋入约 10 千克的石头，在石头上绕 8～10 号的铅丝，铅丝引出地面并牢牢地捆在边柱的上部和中部。另一种方法是用撑柱（直径约 8～10 厘米）固定。第三种方法是设双边柱，即在葡萄定植行的一侧约 30～50 厘米处埋设 2 根边柱，两边柱之间的距离为 2 米，用两股粗铅丝从内边柱顶端向外边柱基部拉紧，再用一根支柱支在外边柱的上部和内边柱的基部（图4-1）。

篱架立柱埋好后，要在上面拉铅丝，先将铅丝固定在行的一端

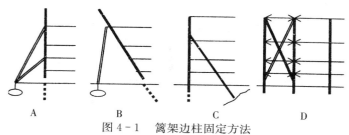

图 4-1　篱架边柱固定方法

A、B. 锚石固定法　C. 撑柱固定法　D. 双边柱固定法

的边柱上，然后用紧线器从另一端拉紧。拉力保持在 50～70 千克。每 50 厘米拉一道铅丝。

用料以行距 2.5 米，行长 90 米，行内每间隔 6 米竖一立柱，架高 2～2.5 米计算，每 667 米² 需中柱 45 根，边柱 6 根，铅丝约 1 100 米。

(2) 棚架的建法　棚架的设置比篱架复杂，单行倾斜式小棚架设架比较容易，这里介绍一下水平棚架的建法。一般架高约 2 米，先在地块的四个角处各设一根角柱，再在四周边设立边柱，每根立柱之间距离约 5 米。将角柱和边柱倾斜埋入土中 50～60 厘米（柱子与地面呈 60°角），用锚石固定。用两股粗铅丝（8 号或 10 号）将四周的边柱联系起来，拉紧并固定，形成周线或边线，南北或东西相对的两根边柱之间用 8 号铅丝拉紧，形成干线，最后再在边线和干线之间每隔 50～60 厘米拉一道铅丝（12～15 号），纵横交错形成网状（图 4-2）。

倾斜式小棚架每 667 米² 用水泥柱 60 根。水泥柱的形状一般为正方形或长方形，边长为 8～12 厘米。水泥柱的长度一般为 2～2.5 米。前后两排水泥柱一低一高，呈倾斜状，柱上横梁需 30 根竹竿，架面每间隔 0.5 米拉一道 8 号或 10 号线，共需 10 道约 1 100 米。架材费用 570 元左右。连接式水平棚架全园或一个林区的棚架面呈水平，每 667 米² 用 10 厘米见方水泥柱 60 根。每 667 米² 需铅丝 1 300 米，架材费用 480 元左右。

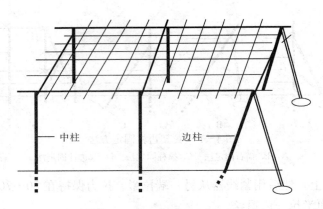

图 4－2　水平棚架的设置

六、定植前的准备

1. 定植沟的准备　在栽植前一年秋季把沟挖好，填实，有利于有机肥的发酵以及四周的虚土沉实。一般沟深、沟宽各为80～100厘米。栽植沟挖好后使土壤充分风化、熟化。底层20厘米左右填入秸秆、草、树叶，再将腐熟的有机肥料和表土混匀填入沟内，每667米^{2}基肥施用量4 000～5 000千克。肥料要与土壤充分拌匀，不能与根群直接接触，以防止灼伤根群，即将肥料施在离定植点30～35厘米处，或施在定植点下面，离地表35～40厘米处，并把定植点上的土块打碎。填土要高出原来的地面，填完土后，再大水灌沟。

在绿色AA级生产和有机生产时应保证施用足够的有机肥以维持和提高土壤的肥力、营养平衡和土壤生物活性。

2. 苗木准备　选好合格苗木，苗木应无病虫为害，若是嫁接苗砧木类型应符合当地要求，嫁接口完全愈合无裂缝。为防止引入病虫害，应在定植前进行一次苗木消毒。

七、定植与苗期管理

1. 定植

（1）定植时期　北方地区一般宜春栽，在春季 3 月下旬至 4 月上旬栽苗。长江以南地区可秋季栽苗，一般在 11～12 月较合适。

（2）苗木栽植方法　栽苗前要对苗木进行适当修剪，剪去枯桩，对过长的根系留 20 厘米左右剪截。然后用清水浸泡 24 小时，使其充分吸水。栽苗时挖穴，将苗木根系向四周散开，不要圈根，覆土踩实，使根系与土壤紧密结合。嫁接苗覆土至嫁接口下部 1 厘米处，扦插苗以根颈部与栽植沟面平齐为宜。栽后灌透水一次，待水渗后再覆土，不让根系外露。在干旱地区栽苗后用沙壤土埋上，培土高度以超过最上 1 个芽眼 2 厘米为适宜，以防芽眼抽干，隔 5 天再灌水 1 次，这样才能确保苗木成活。最好采用地膜覆盖，有利于提高地温和保墒，促进根系生长。

2. 定植苗木当年管理技术

（1）除梢定枝　定植苗木抹芽、定枝、摘心非常重要，当芽眼萌发后，嫁接苗要及时抹除嫁接口以下部位的萌发芽，以免萌蘖生长消耗养分，影响接穗芽眼萌发和新梢生长。待苗高 20 厘米时，根据栽植密度和整形要求进行定枝、疏枝，抹除多余的枝，留壮枝不留弱枝，使养分集中供给保留下来的枝有利于植株生长。

（2）追肥　早期丰产栽培技术最关键的是肥水管理。当新梢长到 30～35 厘米，距苗 30 厘米环状开沟追施氮肥，每 667 米^2 15～20千克，施肥后立即浇水，浇水后及时松土。由于定植苗木根系很小，用于吸收营养元素量也较少，因此，要勤追少施，年追施 2～3 次即可，追肥时间 20～30 天 1 次，前期可追施以氮肥为主，后期追施以磷钾肥为主。随着苗木生长，开沟要适当外移，并根据苗木生长势可适当加量。追肥后要及时灌水、松土、中耕除草。在绿色 AA 级生产和有机生产时的施肥请参照第六章。

（3）搭架绑枝　苗高 10～12 片叶（卷须开始出现）时开始绑

条，随长随绑，越早引缚越有利于新梢延长生长，并控制副梢发生。

（4）夏季苗木摘心管理　要根据当地气候条件和选择的整形方式而定，通常当苗木1米高时，要进行主梢摘心和副梢处理，首先要抹除距地面30厘米以下的副梢，其上副梢一般留1～2片叶反复摘心，较粗壮的副梢可留4～5片叶反复摘心控制。当主梢长度达1.5米时再次摘心。通过多次反复摘心，可以促进苗木加粗，枝条木质化和花芽分化。

（5）病虫害防治　根据当地病虫害的发生规律，适时、对症使用药剂；必须科学使用各种化学药剂。绿色AA级生产和有机生产时的病虫害防治请参考第七章。

（6）冬季修剪　冬剪时在充分成熟直径在0.8～1厘米的部位剪截（结合整形要求决定剪留长度）。主梢上抽发的副梢粗度在0.5厘米时，可留1～2芽短截，作为下年的结果母枝。清除落叶枯枝、杂草，并结合冬剪剪除带菌枝条。

（7）埋土防寒　北方地区冬季严寒，冬季要进行埋土防寒，覆土厚度因地区而异。北京地区不少于20～25厘米，并于埋土前浇足防寒水。

第五章

标准化葡萄园栽培管理技术

一、架　　式

葡萄枝蔓比较柔软，栽培时需要搭架。这也是葡萄有别于其他果树栽培最主要的区别。架式决定了枝蔓管理的方式和叶幕结构类型，也是栽植葡萄时首先应考虑的问题之一。我国各地栽培葡萄使用的架式很多，基本上可以分为篱架和棚架两大类。

（一）篱架

架面与地面垂直或略为倾斜，葡萄枝蔓分布在上面形成篱壁状，所以叫做篱架。篱架是最常用的传统架式。这种架式便于管理，适于机械化栽培，由于通风透光好，易获得高品质果品。主要使用于干旱地区以及生长势较弱的品种。目前生产中使用较多的有单壁篱架和T形架两种。

1. 单壁篱架　在葡萄行内沿行向每隔5～6米设立一根支柱，架高1.0～2.0米，在支柱上每隔40～50米拉一道横线（一般用8#或10#铅丝）。一般共拉2～4道铅丝供绑缚枝蔓用（图5-1A）。单篱架适用于行距较小的葡萄园，在山坡地或干旱地区或生长势弱的品种。

2. T形架　在单篱架的顶端沿行向垂直方向设一根60～100厘米宽的横梁，使架面呈T形，故称T形架。在立柱上拉1～2道铅丝，在横梁两端各拉一道铅丝，也可在中间再加两道铅丝。这种架

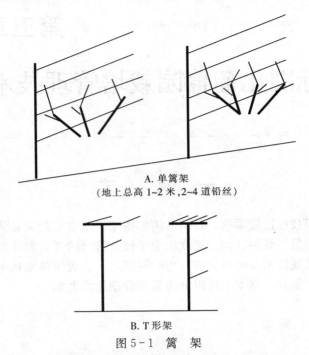

A. 单篱架
（地上总高 1~2 米,2~4 道铅丝）

B. T 形架
图 5-1 篱 架

式比较适合生长势较强的品种，是"高宽垂"整形和 V 形树的优良架式（图 5-1B）。目前我国南方普遍采用的双十字 V 形架（浙江海盐农科所杨治远同志创造的新型实用架式）即为 T 形架的一种。

双十字 V 形架从 1994 年开始在海盐县藤稔葡萄栽培中采用，目前已在浙江、上海、江苏及全国各地推广。这种架势实用性强，长势中等的、偏弱的和稍强的品种均适用，可以根据生长势强弱对枝蔓进行调控。

这种架势由架柱、2 根横梁和 6 根拉丝组成。在栽植行立一行水泥柱（或竹、木、石柱），柱距 4 米，柱高 2.9～3 米，埋入土中 0.6～0.7 米，柱顶离地面 2.3～2.4 米。种植当年夏季或冬剪后的冬季，每根柱架 2 根横梁，下横梁离地面 115 厘米，宽 60 厘米；上横梁离地面 150 厘米（长势中庸的品种）或 155 厘米（长势较强的品种），宽 80～100 厘米。横梁以毛竹（一根劈两片）为好，钢筋水泥、角铁、钢管梁、圆钢均可。在离地面 90 厘米处在立柱的两边拉两条拉丝，两道横梁离边 5 厘米处打孔，各拉一条拉丝。形成双十字 6 条拉丝的架式。6 条拉丝最好用钢绞丝（电网上用的 7 股钢绞丝），耐用而不锈，且成本低。上横梁两边的拉丝可用旧电线，枝蔓固定其上不易断蔓，且枝蔓不会移动。需用材料：每 667 米^2 柱 65～70 根，长、短横梁各 65～70 根，拉丝 1 600 米左右。

（二）棚架

在立柱上设横杆和铅丝，架面与地面平行或略倾斜，葡萄枝蔓均匀绑缚于架面上形成棚面，目前生产中主要使用的架形有倾斜式（图 5-2A）和平顶式（图 5-2B）。

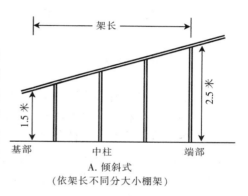

A. 倾斜式
（依架长不同分大小棚架）

（三）棚篱架

相当于在单篱架外附加一小棚架。架长 4～5 米，单篱架高约 1.5 米，棚架前端架高 2～2.5 米，与单篱架相连形成倾斜棚面，植株在篱架上形成篱壁后还可以继续向棚面上爬，可有效地利用空间，增产潜力大，但篱架面的通风透光性下降，易出现上强下弱的现象。此外，植株的主蔓从篱架面转向棚

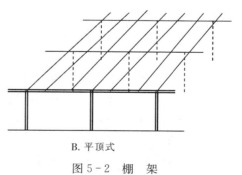

B. 平顶式
图 5-2 棚 架

架面时，若弯拐的过死，容易造成棚架面和篱架面生长不均衡，在实际操作中，可省去篱架的最上一道铅丝，同时使棚架的第一道铅丝与立柱保持30～40厘米的距离，使枝蔓从篱架面向棚架面生长时有一定的倾斜度。

二、整形与修剪

整形与修剪是葡萄栽培管理中一项非常重要的技术措施。通过合理的整形修剪，可以调节生长和结果的关系，调节树体养、水分的供应及光照条件，达到连年优质、稳产、高效。

（一）整形修剪的原则

总原则是调控树势均衡，即成龄或满架后树体营养生长与生殖生长间的均衡与和谐。夏季新梢适度生长，粗度适中，无过多副梢发生；冬季修剪浪费无效枝条少。

（1）品种特性　每一个品种都具有特有的生长和结果习性，在整形修剪时，遵循这些特性做合理的处理，才能充分发挥品种的产量和品质特性。对生长势强的品种如巨峰群品种，牛奶、龙眼等东方品种群的品种，应适当稀植、采用较大株形；而对生长势较弱的品种如一些欧洲种的品种，可适当密植并采用较小的株形。

（2）栽培地区的自然条件　冬季不需埋土，而夏季高温高湿、病虫害滋生严重的地区，宜采用有较高主干的整形方式；而北方冬季需埋土防寒地区，则不能留主干，采用无主干多主蔓或倾斜式单主蔓的整形方式，以便于下架埋土。

（3）栽培的物质条件、管理水平等　土壤肥水条件好、栽培管理水平较高的地区，可以采用高产整形，否则应选择负载量较小的整形修剪方式，以免造成树形紊乱或树体衰弱。

（二）主要整形方式和方法

1. 无主干整形　北方需埋土防寒地区多使用无主干整形方式，以便于葡萄下架埋土。无主干整形的方式主要有多主蔓扇形和龙干形两种。

（1）多主蔓扇形　实行篱架栽培的地方，多采用无主干的多主蔓扇形。植株具有多个主蔓，每一主蔓上分生侧蔓或直接着生结果枝组，所有枝蔓在架面上呈扇形分布。即植株在地面上不具明显的主干，每株有 3～5 个或 7～8 个主蔓，因单篱架或双篱架而异。每一主蔓上可着生 2～4 个或更多的结果枝组。

根据植株结构和整形修剪要求的不同，又可分为多主蔓自然扇形和多主蔓规则扇形。

A. 多主蔓自然扇形（图 5 - 3）　每株留多个主蔓，在每个主蔓上再分生侧蔓或直接着生结果枝组，使其在架面上呈扇形分布。主蔓数量因栽植方式有所不同，栽植密的或单篱架可采用 2～4 个主蔓，稀植或双篱架、棚架可留更多主蔓。这种整形方法在北方埋土区使用较多，由于植株在地面没有明显的主干，加上主蔓数较多，不易形成过粗过硬的枝干，埋土防寒时较为方便；植株若受冻，能较快地恢复树冠，更新比较容易；这种树形还比较容易控制植株的负载量，适应范围较宽。但这种整形方式，枝条的极性比较强，结果部位迅速上移，如果控制不好，易形成下部光秃的现象，所以成年后应每年在植株中下部注意选留预备枝（短剪）；在选留

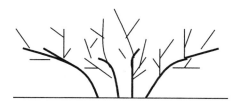

图 5 - 3　多主蔓扇形

83

结果母枝时，应适当疏去一部分植株上部的强壮枝条，以利中下部枝条正常生长；上部强枝结完果后，应及时回缩更新。此外，主侧蔓数量不宜过多过粗，所以适当的时候也需更新。上部枝叶不能留得过多，以防影响通风透光，降低品质。生长势过旺的品种以及容易发生极性生长的保护地品种应慎用。

整形方法：定植当年从植株基部选留数个健壮新梢留作主蔓，冬剪时每一主蔓剪留 50～60 厘米（第一道铅丝附近）。第二年春天再在每一主蔓上选留 2～3 个新梢作为侧蔓或直接作结果母枝。若主蔓数不够，可在早春对最基部的 1～2 个主蔓行短剪（留 2～3 个芽），使其发出健壮新梢以补足主蔓数，到第三年再在其上选留侧蔓。选留的侧蔓在冬剪时，可根据其生长势强弱，采取长、中、短梢修剪。一般在侧蔓上每隔 10～15 厘米选留一个结果母枝，每一侧蔓可留 2～3 个。根据长势，采取长中短梢修剪。

B. 多主蔓规则扇形（图 5-4）　多主蔓规则扇形是对传统的自然扇形加以改良而来的，可以克服自然扇形整枝的一些缺点，便于学习和掌握。规则扇形要求配置较严格的结果枝组，每个枝组上选留一个结果母枝和一个预备枝。结果母枝要求生长健壮、成熟良好，作中长梢修剪，一般剪留 8～10 节（视枝条的强弱和植株的负载量而定）。结果母枝上发出的新梢作结果枝用，结完果后，一般应从结果母枝的基部剪去。预备枝要求短剪，一般剪留 2～3 节，其位置应在结果母枝的下方。预备枝上发出的新梢，留 1～2 个结果或做营养枝，冬剪时再短剪留作预备枝（留一个新梢时，此时应

a. 小规则扇形

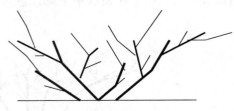

b. 大规则扇形

图 5-4　无主干多主蔓规则扇形

在结果母枝发出的新梢中选留一个健壮枝条作新的结果母枝）或将2个枝条作一长（上方）一短（下方）修剪，形成新的结果枝组。如此年复一年，实现结果枝组的不断更新（见图4-6）。一般篱架栽培时，每一植株可留3～5个主蔓，每个主蔓上留1（小规则扇形）至3个（大规则扇形）结果枝组。生长势较强的品种可以选择大规则扇形。在肥水条件好，需要增加负载量时，在部分枝组中可以选留两个长的结果母枝。

密植时，每一植株也可以只留1～2个主蔓，每一个主蔓一长一短规则修剪。

（2）龙干形（图5-5）　龙干形主要用于棚架栽培，近年也在篱架（单篱架或V形架）栽培中使用。棚架栽培时龙干长4～10米或更长，视棚架行距大小而定。篱架则根据品种生长势和立地条件确定株行距。在龙干上均匀分布许多的结果单位，初期为一年生枝短剪（留1～2芽）构成，后期因多年短剪而形成多个短梢（龙爪），每年由龙爪上生出结果枝结果，龙爪上的所有枝条在冬剪时均短梢修剪；只有龙干先端的一年生枝剪留较长（6～8个芽或更长）。

两条龙、三条龙或多条龙的整形方式，其基本结构与一条龙相同。无论是一条龙、两条龙或多条龙，都要注意龙干在棚面上的分布，使龙干与龙干之间保持合理的间距。短梢修剪的龙干之间的距离约50厘米，如肥水条件很好，植株生长势很强，则龙干间距需增加到60～70厘米或更大。

一条龙植株的整形方法：

第一年：定植时，每一个定植穴栽2～3株，生长期每株选留一个健壮的新梢作主蔓，主梢（未来的龙干）上的副梢，着生于主梢基部约30厘米以下的完全除去，上部的副梢留2～4叶摘心，所有二次副梢均留1～3叶摘心。当主梢生长达2米以上，先端生长变慢时，可对其进行截顶，以促进枝条充分成熟。冬剪时剪留到成熟节位，一般剪留长度为1.2～2.0米，剪口粗度1.0～1.2厘米。如果定植当年生长不良，主梢粗度和长度都达不到要求的，冬剪时将一年生枝留1～2芽短截，第二年重新培养。

第二年：上年剪留的长枝已是良好的结果母枝，在主蔓上每隔15厘米左右选一个新梢作结果枝，夏季副梢留1～2片叶摘心。冬剪时，除顶端延长枝仍然长留以使龙干继续在棚面上向前延伸外，其余侧生的一年生枝一律剪留1～2芽，这些短枝就是龙爪的雏形。

以后每年都依此方法修剪，顶端延长枝长留形成"龙干"，其他侧生的一年生枝都短剪，多年反复短剪形成"龙爪"。龙骨基部50厘米以下不留新梢。4～5年后完成龙干整形，植株进入盛果期。

在培养龙干时，为了埋土、出土的方便，要注意龙干由地面倾斜分出，特别是基部长30厘米左右这一段与地面的夹角宜小些（约在20°以下），这样可减少龙干基部折断的危险，龙干基部的倾斜方向宜与埋土方向一致。

大棚面上龙干分布间距较大时，或在肥水条件很好需要增加植株负载量时，也可对龙形植株在基本实行短梢修剪的同时，将少部分一年生枝适当长留，剪成中梢（4～9芽），结果后立即疏去。在保持植株负载量相对稳定的条件下，也可以试行在龙干上配置长短梢结果枝组，这样可以淘汰一部分衰弱的枝组，并更多地利用优良的结果母枝。

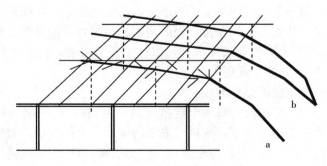

图 5-5　龙干形整枝

（a. 一条龙　b. 两条龙）

龙干形整枝方法也可以用于篱架，每一植株留1至多个主蔓，每个主蔓依"一条龙"方式整形，主蔓之间的间距留50厘米左右，一般每一主蔓上留6个结果母枝。侧生的结果母枝一律行短梢修剪，延长枝适当长留（一般3～5个芽）。这种修剪方式适合密植、生长势较弱、成花能力强的品种。

2. 有主干整形 南方不埋土种植区、高温多雨地区，多选用有主干整形方式。近几年常用的主要有X形、V形等。

（1）X形整枝（图5-6） X形整枝是日本栽培巨峰葡萄常用的一种树形，近年在我国南方多雨地区开始采用。这种树形较适用于水平连棚架，有成形快、棚面利用率高、稳产、优质等优点。多采取中长梢修剪。但也有管理不当树形易紊乱、易结果过多导致树体早衰等缺点。

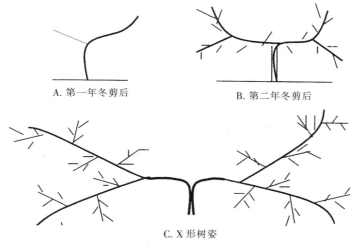

A. 第一年冬剪后

B. 第二年冬剪后

C. X形树姿

图5-6 X形整形方法

整形方法：定植时，将苗木截留30～40厘米，当年在顶端选一个健壮新梢，立支柱直立引缚，培养成主干。当新梢长1.5米以上时摘心，使其发出副梢。只留先端离架面30～50厘米左右处的两个副梢，其余的全抹掉。将这两个副梢向对应的两个方向引缚，第一副梢将来延伸为第一主蔓，第二副梢将来延伸为第二主蔓，两个主蔓的势力和粗度在第一年以7：3为好，以后逐年培养并维持成6：4左右。如果没有合适的副梢，也可在第二年再培养主蔓，

当年只培养出主干。冬剪时于成熟节粗 0.8～0.9 厘米处短截，适当留 3～5 个临时枝结果。第二年在第一、二主蔓上离主干 1.5～2.5 米处选留健壮新梢将来培养成第三、四主蔓，分叉角度以100°～110°为宜。注意由于上部枝条容易徒长，应注意第一、二主蔓的势力分配。第一、二主蔓除延长头外，其余新梢留 10 片叶摘心，新梢上副梢留 1 片叶摘心，所有枝条都引缚在平网上。冬剪时每一主蔓上各留 2～3 个枝条。以后逐年在 4 个主蔓上配置侧蔓和枝组。每个主蔓上配 2～3 个侧蔓，在主、侧蔓上左右交替着生枝组（图 5-6）。

X 形整形方法的要点有：①主、侧蔓的位置要明确，不留过多竞争枝。②明确保持主侧蔓的势力差别，避免形成"倒拉牛"。主蔓数以 4 个为宜，管理中从第一主蔓到第四主蔓的势力差别应保持为：第一主蔓所占面积为 36%（A），第二主蔓 24%（C），第三主蔓 24%（B），第四主蔓 16%（D），AB∶CD=6∶4。③保持主蔓和侧蔓之间有一定角度。第一侧蔓与主蔓基部（主干顶端）之间要保持一定距离，否则容易形成"倒拉牛"。由于有 4 个主蔓，从主干上各有 2 个主蔓分向两侧，标准距离为 2～3 米（欧亚种）。第一主蔓与第三主蔓，第二主蔓与第四主蔓的分叉角度为 100°～110°。④所有枝条都向延伸方向直线引缚，若弯曲过多，会造成树液流动不畅，引起树势失衡。⑤对主蔓基部生长势强的枝条，不必马上去掉，可作为临时枝培养结果（用细铅丝或麻绳结于枝条基部，将枝头拉向后弯曲，回转补空），以后视其生长结果情况逐年去除。⑥在适当的位置对侧蔓进行短截，过重过轻都会影响树势的平衡，应根据树势及枝条成熟度采取不同程度（长中短）短截。结果枝的修剪也如此。

（2）V 形整枝　这种树形适用于 T 形架，整形方法与 X 形整枝有相似之处，可以看成是由 X 形的第一主蔓和第二主蔓构成的，主要用于倾斜坡地。以主干为中心，树冠呈扇形伸展，容易自然成形。树体基部势力强的枝条可以弯曲回转矫正，不需强修剪。第一主蔓和第二主蔓从主干部分分开向上伸展形成 V 形（图 5-7）。

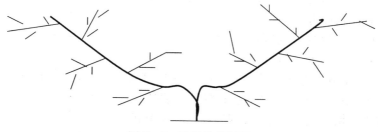

图 5-7　Ｖ形整枝树形

（三）冬季修剪

葡萄冬季修剪的目的是为了调节生长与结果，保持树势强健，搞好更新复壮，达到连年丰产。

在埋土防寒地区，冬季修剪一般在下架以前完成（11 月上旬）。不埋土地区，整个休眠期都可以修剪，但过早修剪，树体耐寒性降低，过晚又恐引起伤流，一般要求在早春伤流开始前一个月左右完成为好。

1. 基本方法

（1）剪留长度　按结果母枝的剪留长度分为极长梢（12 芽以上）、长梢（8～11 芽）、中梢（4～7 芽）、短梢（2～3 芽）、极短梢（1～2 芽）修剪。生产上多采用长中短梢结合修剪的方法；传统的独龙干形整枝方式多采用短梢修剪；规则扇形则应是一长一短。在实际应用中，应根据枝条的势力、部位、作用、成熟情况等决定其剪留长度。原则上强枝长留，弱枝短留；端部长留，基部短留。此外，还必须考虑树形和品种特性等。一些结实能力强的品种如玫瑰香，基部芽眼充实度高，可采用中短梢修剪，而对生长势旺、结实力低的品种如龙眼应多采用中长梢修剪。

（2）结果母枝的留枝量　留枝量过多，抽生新梢过密，会影响架面通风透光，滋生病虫。而且结果过多，会造成树体衰弱，影响品质和第二年的生长发育。根据品种不同，可以采取冬剪时稍多留、生长季再定新梢数量或在冬剪时一次定母枝数量的方法，但以前者比较保险。结果母枝的数量可以综合考虑品种的结果习性、目标产量、栽植密度等诸多因素加以推算。如行株距为 3 米×2.0 米，每 667 米^2 定植株数为 111 株，目标产量每 667 米^2 为 1 250～1 500 千克，那么要求每株应产 12～14 千克。如果品种的单穗重平均为 300～400 克，达到目标株产需要约 35 个果穗，以每一结果母枝上平均着生 1 个果穗计算，需要 35 个新梢，即 17～18 个结果母枝。考虑到埋、撒土时可能有些损伤，则每株可留 20 个左右结果母枝。这 20 个结果母枝在架面上（株距 2.0 米）分两层（自然扇形）摆布，每层 10 个，发出新梢 20 个，平均每 10 厘米一个新梢。如果品种结实能力强，可稍少留，生长旺、结果枝率较低的品种，可以稍多留点结果母枝，抽生新梢后再去掉一些过密营养枝。所留结果母枝必须是成熟好、生长充实、无病虫、有空当部位的枝条。对于病虫枝、过密或交叉枝、过弱枝，要逐步有计划地疏除。

（3）枝蔓更新

A. 结果母枝的更新　结果母枝的更新一般采用双枝更新和单枝更新两种方法。

双枝更新是指两个结果母枝组成一个枝组，修剪时上部母枝长留，来年结完果后去掉，基部母枝短留作预备枝，来年在其上培养一两个健壮新梢，继续一长一短修剪，年年如此反复，保持植株结果枝数量和部位相对稳定（图 5-8a）。

单枝更新时不留预备枝，只对一个结果母枝修剪，来年再从其基部选一个新梢继续作结果母枝，上部的枝条则全去掉（图 5-8b）。

生产上行中短梢修剪时一般多采用单枝更新方法，但行中长梢修剪时，应注意在基部留预备枝。

B. 老蔓的更新　在葡萄的主侧蔓出现衰弱、光秃、病虫为害或坏死时需予以更新。可以从植株基部的萌蘖枝或不定枝中选择合适的枝条预先培养，再逐步去掉需更新老蔓，用新蔓取而代之。注意不能一次更新过多大蔓，可逐年进行。

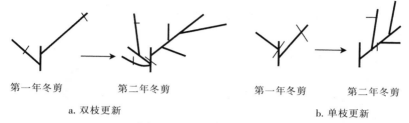

第一年冬剪　　　　　第二年冬剪　　　　　　第一年冬剪　　　　第二年冬剪

a. 双枝更新　　　　　　　　　　　　　　　　b. 单枝更新

图 5-8　结果母枝的更新

2. 修剪时的注意事项

（1）一般要求所留枝条剪口粗度在 0.8～1.2 厘米，剪时应高出欲留芽 3～4 厘米，或在上一节节部破芽剪截。

（2）疏枝时，应从基部彻底去掉，勿留短桩，同时伤口最好安排在老蔓的同一侧。

（3）对生长势旺的品种，应选生长势中庸、充实度高的枝条作结果母枝。而生长势弱的品种，尽量选生长势强的枝条。

（4）幼树整形时注意基部 50 厘米以下不留枝条，同时合理利用副梢（粗度 0.7 厘米以上时）早成形，早结果。

（5）剪掉的枝叶应集中烧毁或深埋。

三、树体管理和果实管理

（一）树液流动期和发芽期

这两个时期是葡萄生长发育的最初期。葡萄的周年管理工作也从这里开始了。一般当地温上升到 5～14℃时树液开始流动（3 月中旬至下旬）。在树液流动期严禁给树体造成伤口，否则树液会从伤口处大量流出，即出现"伤流"，对当年的生长发育带来极其不利的影响。

发芽受地温和气温双重影响，当地温在 12℃ 以上，平均气温 10℃ 以上则开始发芽。这一时期一般在 4 月上旬至中旬。

在我国北方，葡萄要埋土越冬。春季当地温回升，土壤解冻后，须及时出土，出土后应抓紧时间上架。并结合树液流动期和发芽期的特点，进行如下田间操作：

（1）去绑绳，紧或换铁丝　在出土上架之前，对葡萄架进行整理，彻底清除前一年的绑缚材料，铅丝松了的拉紧、缺损的补换，必要时换立柱，为上架作准备。对于棚架葡萄，应沿棚架的每一道铅丝拉上草绳，起固定枝蔓的作用。

（2）扒翘皮、刮癌瘤、病斑等　多年生的葡萄枝蔓上，每年都会形成一层死皮，在枝蔓表面翘起，是病菌和虫卵的冬季藏身之地，在上架前应扒或刮掉翘皮，并集中烧毁。老蔓上有癌瘤的（北方防寒区因埋土常使地上部感染根瘤），应刮除，刮下的病体收集好后带出果园烧毁，伤口可用 100 倍的硫酸铜或 5 波美度石硫合剂等涂抹消毒，消毒后用 1∶2∶50 倍波尔多液药浆进行保护。

（3）清园　清除冬季修剪遗留的残枝败叶、杂草、绑缚物等。

（4）土壤管理　打埂作畦、挖沟（灌排水）。

（5）喷铲除剂　萌芽前喷布 3～5 波美度石硫合剂，防治白粉病、介壳虫及其他越冬病虫菌源。萌芽后展叶前喷 0.5～2 波美度石硫合剂铲除结果母枝上残存的越冬病虫害。

（6）上架　将枝蔓均匀引缚到葡萄架上，注意不要交叉或过稀过密。目前生产上多用塑料捆扎绳做绑缚材料，先用绑绳将葡萄枝蔓拢住，留一活扣，然后用"马蹄扣"的方法，使绳子牢固地绑在铅丝上。

（7）灌水　树液流动期前灌 30～40 毫米的水，对促进提早发芽及发芽整齐是必要的。

此外，秋季末施基肥的在出土前后应补施。有机栽培时追施含氮的有机肥（豆饼）。进入盛果期的树，结果量和施肥量按 1∶1 进行。

（二）新梢生长期至开花期

葡萄芽萌发后，开始抽梢展叶。随着气温升高，新梢生长加速；花序继续分化，形成各级分枝和花蕾；新梢叶腋中陆续形成腋芽，发出副梢；大量发生须根。当展叶 15 片左右时，新梢生长开始减缓，养分集中供应花序，开始开花。一般从萌芽到开花大约需要 35～45 天。

新梢、幼叶和花序的生长，在初期（萌芽后 2～3 周内）主要是依靠植株体内的贮藏养分，当展开新叶长到 1/3 大时，开始有能力进行同化作用制造养分，到展叶 10 片左右时，贮藏养分几近枯竭，植株处于营养转换期，逐步过渡到依靠当年新生叶片制造的养分。

这个时期的基本技术管理如下：

1. 抹芽　对葡萄芽的优劣进行选择，留下健壮、位置好的芽，去掉多余的或劣质芽，称为抹芽。

抹芽的目的：抹芽是调节植株体内营养的最重要的作业，是新梢管理的第一步。在葡萄生产中，新梢营养状态的好坏直接影响果实品质，与栽培成功与否有直接关系。根据新梢生长发育状况考虑抹芽的时期和抹芽程度，以调节植株营养，使留下的新梢生长一致，确保架面通风透光。

抹芽的方法：我国生产上一般采取分两步的方法，第一次大约在芽萌动后的 10 天进行。主要抹除一些明显劣质或多余的芽如隐芽、并生芽。第二次在第一次抹芽后 10 天花序露出后，根据生长势等决定抹芽程度。原则上应遵循"树势强者轻抹、晚抹，树势弱者重抹、早抹"。即根据树势调节新梢数。树势弱者，新梢的生长不良，强抹芽可以确保留下的新梢有一定的长势，而强势树，新梢的生长旺盛，必须弱抹芽以防止徒长。

生长过旺新梢占总新梢数的 30%～40% 的植株，只抹去结果母枝基部 2～3 个弱芽即可，第二次的抹芽推迟 2～3 天根据新梢的生长情况进行。

2. 定梢　定梢是抹芽的继续。在实际操作中往往与第二次抹芽同时进行，或者也有的称为第三次抹芽。

与抹芽一样，定梢也必须根据品种、树势等决定。去掉过强、

过弱枝，强结果枝可多留，弱结果枝少留，有空间处多留，过密处少留。一般中长结果母枝上留 2～3 个新梢，中短结果母枝上留 1～2 个新梢。

基本原则是：

（1）去中间留两头　一般在结果母枝，基部和顶端各留一个结果枝，去掉中部的枝条；长结果母枝中部可多留 1～2 个结果枝，短结果母枝只留一个结果枝。

（2）去弱留强　过弱的结果枝生长发育不良，不能结果。

（3）去空枝留花枝　去掉留下无花序的新梢，尽量多留带花序结果枝。

考虑到负载量和架面通风透光性以及品种生长习性，一般每平方米架面可留新梢 15～25 个。对巨峰等生长极旺的品种或单株，在花前应尽量少抹芽梢，坐果后若影响通风透光，可除去一些过密枝。

3. 摘心　开花前对结果枝进行摘心，可以减少新梢伸长的养分消耗，使新梢内的养分浓度提高，并集中供应开花坐果，从而提高坐果率。

摘心时期：开花前 7 天左右至初花期进行。

摘心方法：摘心的轻重与品种、枝条长势以及摘心的时期有关。一般生产上对结果枝 5～8 片叶摘心，也可以根据叶片大小来进行：即掐去叶片面积不足正常叶面积 1/3 大小的梢尖部分，这样不用数叶片，可以加快摘心速度。轻摘心时仅仅掐去梢尖及其下的几片嫩叶，重摘心时在花序以上可以只留 3 片叶。对营养枝留 10～12 片叶摘心，延长枝可留得更长些。

摘心越强，坐果越好，但强摘心会引起叶面积不足，并且会反而刺激新梢急速生长，对植株生长发育不利。因此对生长势强的品种或新梢，只将新梢先端未展叶部分的柔软梢尖掐去即可。对营养枝（没有花序的当年新梢），如果有足够的延长空间，也可以暂不摘心，等到生长高峰过去以后，生长变得缓慢时，或生长过长或架面已无法容纳时，再摘心。

对于坐果率较高、果穗很紧的品种，花前摘心意义并不大。有的地方不一定在花前摘心，而是在枝条达到一定的生长量时进行摘心，如北京地区红地球葡萄延长枝长 1.2～1.5 米时开始摘心，结果枝在开花结果后果穗以上留 10～12 片叶及时摘心，营养枝则尽量长放，没有空间的留 13～15 片叶摘心。

4. 副梢整理（又称打尖、掐尖） 副梢是指叶腋中的夏芽萌发的新枝，着生于新梢各节。副梢不断增多和延长，使架面郁蔽，扰乱树形，并且增加养分消耗，所以，应及时处理副梢，减少养分消耗，并改善树体通风透光。一般对结果枝花序以下的副梢全部抹去，花序以上的副梢及营养枝副梢可留 1～2 片叶摘心，延长副梢（新梢顶端 1～2 节的副梢）可留 3～4 片叶摘心，以后反复按此法进行。对采用短梢修剪的植株，为了促进枝条基部冬芽的发育，也可以保留基部几节的副梢，留一片叶摘心，而将其余的副梢除去；对一些节间长或叶片较小或日灼较重的品种，也可以多留几片副梢叶，尤其是在果穗附近，副梢叶可以为果实遮阴，可防止日灼。

一些面积较大的葡萄园，为了省工，在副梢处理时仅保留顶端副梢，其余副梢全部去掉，这样就不需要反复处理副梢，而且架面通风透光也好，但要注意叶果比关系，尽量多留主梢叶和延长副梢叶。如果摘心较重，容易引爆基部的冬芽，抽生冬芽枝，此时应保留一个冬芽梢，留 4～6 片叶反复摘心，以增大叶面积。

注意对强势新梢的副梢处理同样不宜过重，尽量及时轻摘心，已展开多片叶时，也只掐梢尖，为了不造成郁闭，必须经常性地及时处理副梢。

红地球葡萄的副梢管理与其他品种不同，副梢可以稍多留一些叶片，增大叶果比。副梢处理如果过重，易引起冬芽过早萌发，影响下年的产量。北京地区一般的做法是：

（1）延长枝和营养枝副梢留 2～3 片叶摘心，二次副梢只留顶端一个，留一片叶反复摘心。

（2）结果枝果穗以下所有副梢全部抹掉，果穗以上副梢留 2～3 片叶摘心，二次副梢留一片叶反复摘心。多留叶片是为了保持足够

叶果比，红地球叶果比要求达到 40：1。本地区前期干旱，幼果日灼严重，多留叶片还可以起到遮阴的作用。

（3）到 8 月中旬，所有新梢全部摘心，减少营养消耗，促进枝条成熟，摘除遮挡果实的老龄叶片，露出果穗，使果穗着色均匀。

5. 疏花序和花序整形 要生产高品质的葡萄果实，必须在栽培上采取多种优果生产措施。疏花序和花序整形可以合理控制负载量，使果穗大小趋向一致，着色整齐，提高果穗商品品质。

（1）疏花序（定穗） 对花序过多，又容易落花落果的品种在花前疏除掉部分花序，发育差的小弱花序及分布过密或位置不当的花序都可去掉。对大穗品种原则上中庸枝留一穗，强枝留 1～2 穗，弱枝不留，保持叶果比为 30～40：1，小穗品种可适当多留。进入盛果期以后的大树按计划产量和果穗、果粒平均重确定留果穗数量。成龄盛果期葡萄园应控制每 667 米² 产量不超过 1 500 千克。

（2）花序整形 花序整形是适当结果和调节结果量的基础，是生产优质果品的第一步，也是稳定结果的辅助措施。花前的花序整形依品种不同而不同，同时尚需考虑树势（树龄）、土壤、施肥条件和气象条件等。一般在开花开始前完成（花前 5 天到开始开 1～2 轮花前进行），也有的分 3～4 次进行。花序整形的时期越早越好。

整形方法：包括去副穗、掐穗尖、确定留穗长度或留蕾数等。对巨峰等四倍体品种坐果率低，花序整形可提高坐果率。先除去副穗和上部 3 节左右的小支梗，再对留下的支梗中的长支梗掐尖，一般大致在 7～9 厘米长处掐穗尖，支梗数以 12～13 节为宜。对新玫瑰等粒松但果粒不如巨峰大的品种，基本方法与巨峰相同，但所留支梗节数可稍多（15～16 节），以保证有足够的穗重。对坐果率高，果穗小的品种如玫瑰露等，只需去掉副穗即可。红地球等大穗品种，疏花可分为两次进行，第一次在花序展开之后，根据植株的负载状况及时疏除过多过弱的小花序。第二次在花序展开而未开花时进行，主要是剪去花序上的副穗，掐去穗尖 1/3～1/4，对花序上的小分枝采取留二去一的方法摘除过多过密小分枝，留 12～15

厘米长即可。

对于坐果率非常高、果穗大而紧密的品种，为了省工，可以试用以下两种方法：一是在开花前用算子（妇女梳头用）梳理花序，可以均匀地疏掉部分花序，坐果后可省掉疏果。但这种方法需要在不同的品种上先少量试验，取得一些经验后再大量运用，不同的品种之间，疏花的程度应有所不同。另一个方法是，根据果粒大小确定留果量后，再根据具体情况在一个花序中隔几段小穗去掉一段小穗，也可以适当稀疏果穗。目前生产上栽培的红地球多在开花前剪去花序上的副穗、掐去穗尖 1/3～1/4，再对花序上的小分枝采取留二去一的方法摘除过多过密小分枝，效果很好。

6. 绑蔓 新梢生长到 30～40 厘米长时，要引缚到铅丝上，以防吹折或乱攀。根据新梢生长势的不同，弱枝可直绑，中庸枝可斜绑，强枝大斜度甚至水平绑。但要注意让新梢在架面上均匀有序的摆布，防止过多交叉和拥挤。

7. 除卷须 卷须一般着生在叶的对面，放任生长不仅消耗养分和水分，而且会缠绕枝蔓和果穗，随意攀附，造成树势紊乱，所以应在每次夏季枝梢处理时随手除去。

8. 补充肥水 当树体储存营养不足、树势过弱时，应及时补充肥水。一般可追施 1～2 次氮肥。但对树势旺的植株，不能再追加氮肥。施肥后灌水，注意中耕除草。

缺锌或缺硼严重的果园，在花前 2～3 周，应每隔 1 周叶面追施锌肥或硼肥，以利正常开花受精和幼果发育。

有机栽培葡萄园花前追施腐熟的沤肥每 667 米^2 1 000 千克，并喷洒竹醋液 300 倍，提高坐果率，有利枝叶的正常生长和提高抗病能力。5 月下旬左右，为补充穗枝的生长需要，对缺肥水的枝叶喷施叶面肥。

9. 病虫害防治 开花前主要防治对象是葡萄穗轴褐枯病、灰霉病、霜霉病、黑痘病、白粉病。可使用的药剂有：1：0.5：240 倍波尔多液、400～500 倍绿得保、1 000 倍速克灵、800 倍喷克、800～1 000 倍甲基托布津或 800 倍多菌灵等。

有机生产葡萄园自展叶后至开花前坚持每半月喷一次 1 ∶
0.5∶240 倍的波尔多液和 0.25％苏打水。

（三）浆果生长膨大期

从开花后小果粒开始膨大起，到果实开始成熟（开始着色或变
软）止，称为浆果生长膨大期。这一时期浆果迅速膨大，种子形
成，新梢生长加粗。在新梢的叶腋中形成冬芽，叶片迅速长大，芽
眼内进行花芽分化。到此期末，枝条基部开始积累淀粉，并变褐老
熟。在管理上应注意防治病虫害，加强肥水供应，继续架面新梢和
幼果的管理。此时期的田间管理水平对浆果的生长发育、产量和品
质的形成都是至关重要的。作业要点如下：

1. 继续新梢引缚和副梢处理，改善树体通风透光条件 注意
及时绑缚，避免枝蔓重叠交叉，对于日灼严重的品种，应在果穗附
近多留叶片（一般这类品种节间长、叶片小，可多留 1～2 片副梢
叶）；对到转色期仍不停止生长的新梢进行轻摘心，应避免强摘心，
以防引起抽生新梢，副梢留 1～2 片叶摘心；对 30 厘米以下的弱
梢，可不引缚，任其游离于架面以外，既可使架面通透，又可增加
叶面积。

2. 疏果 疏果是调节结果的又一环节。其目的是在花序整形
的基础上，进一步限制果粒的数量和果穗的大小，整理穗形，使果
粒外形整齐，并促进果粒膨大，提高果实品质，同时可防止果穗过
密引起的裂果。

疏果的时期越早越好。一般在盛花后 15～25 天，最迟不能迟
于 30～35 天。

疏果的方法：根据品种特性，依品种成熟时的标准穗重、穗形
等为目标进行。如巨峰、先锋等，目标果穗应为 350～400 克，果
粒着生稍紧凑，近圆桶形的圆锥形，那么疏果时开始要去除小粒果
和伤害果以及穗轴上向内侧生长的果粒，然后从外观上疏去外部离
轴过远及基部下垂的果粒。一般每一小支梗平均留 2 粒果，上部每

2节留3粒果，每穗30～40粒即可。对于果粒着生非常紧密的品种，更应重视疏果工作，在花序整形的基础上，应除去发育不良的小果、畸形果和过密部分的果粒，如红地球一般小穗留40～60粒，标准穗留60～80粒，最大不超过100粒，保证单穗重大于500克，小于1 000克，标准穗重为700～1 000克，最大不超过1 200克。玫瑰香每穗留果粒60～80粒。

3. 套袋　套袋可以减轻因雨滴、雨水等引起的果实病害的传染；避免喷药造成的果面污染；防止裂果、日烧、鸟害等；还可控制均匀着色，提高果实品质。

一般要求果袋材料透光率高、透气性好、不透水、且耐风雨侵蚀。大小有150毫米×230毫米，142毫米×210毫米，190毫米×270毫米，250毫米×300毫米等规格，有底或无底。

套袋时期越早越好，但考虑到与疏果等其他作业的关系，一般疏果完成后尽早套袋。

为防风雨对果袋的侵蚀，可在果穗上再加一个伞袋，或为加强光照，在果穗上直接戴一个伞袋即可。

4. 加强肥水　果实生长、枝梢生长以及花芽分化都需要大量的养分，除采取措施保叶外，常规栽培营养不足时需要补肥，一般常规生产可土壤追施氮磷肥（复合肥）。着色期前后叶面喷施磷酸二氢钾，以促进果实和枝梢成熟。

有机栽培葡萄园视生长情况喷施沤肥的上清液加微量元素和竹醋液，或根部施以由豆粉、米糠、海草粉、氨基酸、鸡蛋、有益微生物、红糖等制成的有机液肥，或直接灌施鱼精、氨基酸、海草精、血粉等。

5. 加强病虫害防除，确保枝、叶、果正常生长　进入6月以后，是葡萄霜霉病的高发期，也是炭疽病、白腐病等的感染时期，应加强预防。可用药剂有500倍的科博、800倍的喷克、800倍甲基托布津、800倍的杀毒矾、1∶0.5∶200倍波尔多液，隔15～20天用以上药交替使用。

有机葡萄园喷石灰半量式波尔多液并加苦楝油300～500倍，

预防霜霉病黑痘病、白粉病等病害发生，并提高枝、叶、果的抗病能力。另外，喷施综合性有益微生物 500 倍、木醋液 600 倍、苦楝油 300～500 倍混合液，或喷施硫酸铜也有效果。

如有虫害，可每 10 天喷施一次苏云金杆菌。对于叶螨可酌量喷施糖醋液、糖木醋液、鱼精、氨基酸、海草精、苦楝油、腐殖酸钾等。

6. 环剥、环割　根据不同目的可选用不同时期进行环割、环剥。在开花前 1 周内进行，可提高坐果率，促进花器发育。在果实软化期进行，则可以提高糖度，促进着色和成熟。

一般在结果枝或结果母枝上进行环割或环剥效果好。环割和环剥的位置，应在花穗以下节间内进行。

（1）环割　用小刀在结果枝上割 3 圈，深达木质部。环割的间距约 3 厘米左右。此法操作简单、省工。

（2）环剥　用环剥器或小刀，在结果枝上环刻，深达木质部。环剥宽度 3～6 毫米。依结果枝的粗度而定，枝粗则宽剥，枝细则窄剥，然后，将皮剥干净。为防止雨水淋湿伤口，引起溃烂，最好涂抹抗菌剂消毒伤口，用黑色塑料薄膜包扎伤口。由于环剥阻碍了养分向根部输送，对植株根系生长起到抑制作用。过量环剥，易引起树势衰弱，因此在生产上要慎重应用。

7. 覆草　6 月下旬至 7 月初进行，铺麦秸或杂草 10～15 厘米厚，并用土压实。

（四）贮藏养分蓄积期

从着色期到成熟期，浆果进入第二次生长高峰，冬芽继续进行花芽分化，果实开始积累糖分，枝梢内开始储藏养分的积累。贮藏养分蓄积期是从果实膨大期的后半期，经成熟期直到落叶期。根据枝梢及树体的充实程度，贮藏养分的蓄积情况（主要是碳水化合物的消长），将贮藏养分蓄积期分成前期贮藏养分蓄积期（早熟品种成熟期以前）和后期贮藏养分蓄积期（从早熟品种成熟后到落叶期），这一时期对葡萄树体的营养来说是最重要的一个时期。栽培上注意以下几点：

（1）防缺素 尽可能防止缺素症等生理病害及病虫害引起的叶片老化，维持叶片的活力。

（2）副梢处理 及时进行副梢处理，以免造成架面郁闭，但要注意保留足够的光合能力强的成熟叶片，以供应糖分积累的需要。

（3）排水、除草 经常检查，及时排水、除草，及时摘除病果、病叶。

（4）施肥 补充磷钾肥，追施腐熟有机肥、根部培施草木灰、喷施竹醋液、人粪尿。

（5）打老叶、去卷须、剪嫩梢 在葡萄着色期，靠近新梢基部的部分老叶变黄，已失去光合作用能力，应及时打去老叶，以利于果实着色。卷须不仅消耗养分，而且还绞缢枝叶与果穗，妨碍夏剪作业。结合新梢摘心及时掐除。北方地区8月中旬抽生的嫩梢，秋后不能成熟，应控制其延长生长，对结果树上的发育枝和结果枝、主枝延长梢一律进行掐尖。利于促进枝条成熟，减少树体内养分消耗。

（6）控水 葡萄采收前25天控水有利于提高品质。

（7）盖网防鸟 葡萄成熟前15~20天最好在园中盖网或在结果带两侧拉网防鸟危害成熟果实。

（8）果实采收 一般在浆果接近或达到生理成熟时，果粒呈现固有色泽，果肉变软而富于弹性，穗梗基部木质化呈黄褐色，果实香味浓郁。当葡萄果实充分成熟，可溶性固形物含量达16%~18%时，即可采收。但适当晚采，可充分利用秋季昼夜温差大的有利条件，使果粉增厚，糖分提高，还可节省预冷工序及预冷所需的能量，提高果实抗病力。

采收时以天气晴朗、气温较低的上午或傍晚为好，早晨果面露水干后开始采收，雨天和雾天不宜采收。鲜食用完全采用手工操作。采收时用手指捏住穗梗，用采果剪留穗梗3~5厘米剪断，轻拿轻放，避免碰伤果穗、穗轴，尽量不擦伤果粉，同时将病果、伤

果、小粒、青粒一并疏除。

(9)秋施基肥 秋季施肥的目的是防止已停止伸长的新梢叶片的急剧老化，以减缓从夏末到秋末光合能力的减退。此外，秋季施入的肥料可在早春之前到达根圈，对早春植株的生长发育有利。因此，秋肥应以速效性和迟效性的含氮肥料混施为宜，而此时施磷肥和钾肥效果不明显。

有机葡萄园则以秸秆、木屑、泥炭、猪牛羊粪、油粕类、米糠、磷矿粉、贝壳粉等制成的有机肥做基肥，并培土灌水。除有机肥外可以另外施用适量磷矿粉、海鸟粪、贝壳粉、海草粉等，并灌施溶磷菌、有益微生物、腐殖酸等。

使用量按氮素用量约 250～300 千克/公顷计算，例如预定使用有机肥的氮素含量为 2%，而氮素预定使用量为 250 千克时，每公顷有机肥使用量应为250/2%＝12 500千克。

施肥时期以 8 月下旬至 9 月上旬为宜，此时根群的活动尚活跃，可以利用降雨提高肥效。

(五)休眠期

从落叶到翌年树液开始流动期止，称作葡萄休眠期。一般从 9 月枝条开始成熟时就开始逐渐进入休眠，10～11 月休眠最深，一直持续到翌年的 1 月下旬。自然休眠结束以后，由于外界环境条件的影响，植株仍不能发芽，继续处于休眠状态，称为被迫休眠。在被迫休眠期，只要条件适合（10℃以上），即可发芽。

根没有休眠期，只要条件适合即可生长。

热带地区，秋冬气温较高，葡萄没有明显的休眠期，植株在经历一个营养生长周期后休息 15～25 天，即可再次萌发，可一年多收。

休眠期的栽培管理技术：

(1)冬季修剪 参见相关章节。

(2)清园、消毒 清除葡萄园内的枯枝、落叶、僵果，集中深埋或销毁。喷一遍5波美度石硫合剂消灭越冬菌源。

（3）防寒　葡萄是耐寒力很强的一种果树。但我国北方冬季冷凉，因地域、土壤、年份和品种不同，若防寒不力，有可能发生冻害。葡萄主要器官的耐寒力依次为：根<芽<形成层<木质部。结果母枝各部分的耐寒力为：主芽<副芽<髓<韧皮部<形成层<木质部。

我国北方冬季严寒地区，一些常规措施难以抵御严寒，所以必须下架并埋土防寒。

埋土时期：一般在霜降以后到立冬后（11月中旬）气温已降至0℃左右，土地稍有冰冻时进行。

埋土方法：

A. 地上埋土防寒　冬剪完后，将葡萄除绑，将主蔓依次顺向摆好，从行间取土覆于葡萄蔓上，在行内形成一条长土垄，一般厚20厘米左右。在华北大部分地区采用这种方式。篱架常用。

B. 地下埋土防寒　在葡萄架距根部1米左右处挖深40～60厘米，宽约60厘米的防寒沟，将葡萄蔓放入沟里，填土埋上，厚约20厘米。葡萄树基部不能进入沟内，也得填土埋上。

埋土时土块一定要打碎封严，防止有缝隙透风冻坏枝蔓。也可以先覆2～3厘米厚的草秸等再覆土。

（4）灌水　在土壤封冻前要灌一次封冻水，可以增加土壤水分，减少表土层的温度变幅，提高根系的抗寒性。我国北方大部分地区秋冬季节气候干燥，雨量较少，所以这次灌水非常必要。

四、土肥水管理

（一）土壤表层的管理

倾斜地土壤流失严重，除在葡萄园外围建绿化带以外，可以实行带状生草或树冠下覆草栽培。若全园生草，虽可防止肥水流失，但对浅根性的葡萄来说，会发生草与葡萄的水分、养分竞争，造成

葡萄生长发育不良，对果粒膨大和着色带来不良影响。

1. 清耕法　每年在葡萄行间和株间多次中耕除草，能及时消灭杂草，增加土壤通气性。但长期清耕，会破坏土壤的物理性质，必须注意进行土壤改良。

2. 覆盖法　对葡萄根圈土壤表面进行覆盖（铺地膜或覆草），可防止土壤水分蒸发，减小土壤温度变化，有利于微生物活动，可免中耕除草，土壤不板结。

3. 生草法　葡萄园行间种草（人工或自然），生长季人工割草，地面保持有一定厚度的草皮，可增加土壤有机质，促其形成团粒结构，防止土壤侵蚀。对肥力过高的土壤，可采取生草消耗过剩的养分。夏季生草可防止土温过高，保持较稳定的地温和田间环境温度，可减轻日灼的发生。

4. 免耕法　不进行中耕除草，采取除草剂除草。适用于土层厚、土质肥沃的葡萄园。常用生长季除草剂有草甘膦等。也可以在春季杂草发芽前喷芽前除草剂，再覆盖地膜，可以保持一个较长时期地面不长杂草。

有机栽培时提倡运用秸秆覆盖或间作的方法避免土壤裸露。

（二）水分管理

葡萄是耐旱性较强的果树，在多雨地区，生长发育期的大部分时期存在多湿问题，土壤水分的急剧变化也是缩果病和裂果等生理病害发生的主要原因。

葡萄根系渍水数日即可枯死，长期积水，排水不良时，深部大根枯死，只有近表层的根活动，这时若遇高温干燥（如南方梅雨期后），地上部的蒸腾和地下部的吸水失去平衡，会引起植株地上部缺水，引起生理性缩果病。

成熟期的干燥只要不严重，对果实膨大影响不大，并有利于着色和含糖量的提高。

灌水量和灌水时期因土质和气候条件而不同。一般在萌芽前应灌催芽水，开花前若遇春旱应灌水，果实膨大期结合补肥灌膨果水，土壤冻结前应灌封冻水。这些灌水都可以结合施肥进行。

沙质土壤灌水应少量多次，保水力强的黏土地，灌水次数要少，灌时要灌透。

南方多雨地区栽培葡萄时，为防雨季渍水严重，多采取高畦栽培。

（三）土壤耕作

土壤耕作的目的是为葡萄根系创造一个良好的生态条件，确保根圈土壤的水、肥、气、热均衡，促进地上部的生长和发育。

1. 深翻　深翻可提高土壤的孔隙度、增加土壤含水量、改善土壤结构、促进微生物生长、有利于根系生长，所以除了在建园时对定植穴内的土层进行深翻改良外，定植后仍应逐渐对定植沟外的生土层进行深翻熟化。

深翻的时期应根据各地生态条件而定。北方冬季寒冷地区，春天干旱，以在秋季落叶期前后深翻为宜。秋季深翻，断根对植株的影响比较小，且易恢复，可以结合施基肥进行，对消灭越冬害虫和有害微生物，以及肥料的分解都有利。也可以在夏天雨季深翻晒土，可以减少一些土壤水分，有利于枝蔓成熟。南方各省气候温和，一年四季都可进行。

深翻方法因架势等有所不同。篱架栽培时，在距植株基部50厘米以外挖宽约30厘米的沟，深约50厘米，幼龄园或土层浅或地下水位高的果园可相对浅些。可以采取隔行深翻，逐年挖沟，以后每年外移达到全园放通。对沙砾土或黏重土，在深翻的同时，可以同时进行客土改良（将优质沙壤土或园田壤土拌上有机质、有机肥料填到深翻沟中）。深翻后2～3年穗重增加，产量也增加，着色好，糖度升高，成熟期提早。

但深翻后造成较大量的断根，一般占植株总根量的6%～10%，这种断根的影响在深耕当年或第二年在新梢的伸长量和单穗

重上有所表现。但深耕的目的是改良土壤的物理性质，并使老根恢复功能，所以不应把少量断根过于放在心上。另外，深耕应靠近根层开始，只对无根的地方进行深翻，效果不会明显，所以深翻前应确认根系分布情况，但应注意尽量少伤大粗根。

2. 中耕　中耕可以改善土壤表层的通气状况，促进土壤微生物的活动，同时可以防止杂草滋生，减少病虫为害。葡萄园在生长季节要进行多次中耕。一般中耕深度在 10 厘米左右。在北方早春地温低，土壤湿度小的地区，出土后立即灌溉，然后中耕，深度可稍深，10～15 厘米，雨水多时宜浅耕。生长后期枝梢生长停止时，减少中耕，可促进枝梢成熟。

第六章

标准化葡萄生产与施肥

一、肥料的种类及其特性

（一）肥料的种类

1. 农家肥料　农家肥料是农村中利用各种有机物质就地取材、自行收集、积制，经腐熟分解后就地使用的各种有机肥料。它含有大量生物物质、动植物残体、排泄物、生物废物等。包括堆肥、沤肥、厩肥、沼气肥、绿肥、作物秸秆肥、泥肥、饼肥等。

（1）堆肥　以各类秸秆、落叶、山青、湖草为主要原料并与人畜粪便和少量泥土混合堆制，经好气微生物分解而成的一类有机肥料。

（2）沤肥　所用物料与堆肥基本相同，只是在滩水条件下，经微生物燃气发酵而成的一类有机肥料。

（3）厩肥　以猪、牛、马、羊、鸡、鸭等畜禽的粪尿为主与秸秆等垫料堆积并经微生物作用而成的一类有机肥料。

（4）沼气肥　在密封的沼气池中，有机物在厌氧条件下经微生物发酵制取沼气后的副产物。主要由沼气水肥和沼气渣肥两部分组成。

（5）作物秸秆肥　以麦秸、稻草、玉米秸、豆秸、油菜秸等直接还田的肥料。

（6）泥肥　以未经污染的河泥、塘泥、沟泥、港泥、湖泥等经嫌气微生物分解而成的肥料。

（7）饼肥　以各种含油分较多的种子经压榨去油后的残渣制成的肥料，如菜籽饼、棉籽饼、豆饼、芝麻饼、花生饼、蓖麻饼等。

（8）绿肥　以新鲜植物体就地翻压、异地施用或经沤、堆后而成的肥料。主要分为豆科绿肥和非豆科绿肥两大类。作为肥料栽培植物叫做绿肥作物或栽培绿肥。利用自然界野生植物的鲜嫩茎叶或枝叶做肥料的叫野生绿肥。

绿肥是一种优质有机肥。利用果树行间或果园闲散地块种植绿肥作物，是解决果树有机肥料不足，缓解果园资金投入困难的可靠途径。

2. 商品肥料　按国家法规规定，受国家肥料部门管理，以商品形式出售的肥料。包括商品有机肥、腐殖酸类肥、微生物肥、有机复合肥、无机（矿质）肥、叶面肥等。

（1）商品有机肥料　以大量动植物残体、排泄物及其他生物废物为原料，加工制成的商品肥料。

（2）腐殖酸类肥料　以含有腐殖酸类物质的泥炭（草炭）、褐煤、风化煤等经过加工制成含有植物营养成分的肥料。

（3）微生物肥料　以特定微生物菌种培养生产的含活的微生物制剂。根据微生物肥料对改善植物营养元素的不同，可分成五类：根瘤菌肥料、固氮菌肥料、磷细菌肥料、硅酸盐细菌肥料、复合微生物肥料。

（4）有机复合肥　经无害化处理后的畜禽粪便及其他生物废物加入适量的微量营养元素制成的肥料。

（5）无机肥料（化肥）　无机肥料又称矿质肥料，简称化肥，是指从地矿、海水、空气中提取营养元素，经过化学方法合成或物理方法加工而成的肥料。

在绿色葡萄生产中，只能使用矿物经物理或化学工业方式制成，养分是无机盐形式的无机矿质肥料。包括矿物钾肥和硫酸钾、矿物磷肥（磷矿粉）、煅烧磷酸盐（钙镁磷肥、脱氟磷肥）、石灰、石膏、硫黄等。

（6）叶面肥料　喷施于植物叶片并能被其吸收利用的肥料。在绿色生产中使用的叶面肥料中不得含有化学合成的生长调节剂，包括含微量元素的叶面肥和含植物生长辅助物质的叶面肥料等。

（7）有机无机肥（半有机肥）　有机肥料与无机（矿质）肥料通过机械混合或化学反应而成的肥料。

（8）掺合肥　在有机肥、微生物肥、无机（矿质）肥、腐殖酸肥中按一定比例拌入化肥（硝态氮肥除外），并通过机械混合而成的肥料。

3. 其他肥料　系指不含有毒物质的食品、纺织工业的有机副产品，以及骨粉、骨胶废渣、氨基酸残渣、家禽家畜加工废料、糖厂废料等有机物料制成的肥料。

（二）肥料的特性

1. 有机肥　有机肥料是一种完全肥料，它不仅含有农作物生长发育必需的大量元素、微量元素，还含有对作物根际营养起到特殊作用的微生物群落和大量有机物及其降解产物如维生素、生物物质等。所以有机肥料的功能是多方面的。

（1）养分完全、肥效长　有机肥含有葡萄生长所必需的 16 种营养元素，有机肥料中所含的营养元素多呈有机状态，必须经过微生物的分解，才能转化成易被葡萄吸收、利用的可给态养分。所以有机肥料必须经过腐熟才能施用。另外，有机肥料中还含有大量有机物质经过微生物降解的产物，如维生素、生物物质、酶等，它们对葡萄的根系也有一定的刺激生长作用。

（2）含有微生物，可以促进根际营养　有机肥料中含有大量微生物，它们使葡萄根系与土壤相接触的几毫米到几厘米的土壤微小区域内发生很大的变化，即这一范围与土壤其他部分相比，在土壤养分、微生物数量、各种有机物及其分解产物、根系分泌物之间存在较大差异，这就是"根际效应"。根际是土壤养分最活跃的区域，葡萄生长发育所需要养分、水分的吸收和物质的交换，大部分都是在根际进行的。正是有机肥料中微生物的存在和活动，产生了根际

效应，它对葡萄的生长发育将有直接的影响。

（3）有缓冲作用和保肥作用　有机肥料中含有大量的有机胶体，因此有机肥料具有较强的阳离子交换能力，它的阳离子交换量相当于一般土壤的 10～20 倍，它可以吸附土壤中大量的阳离子，使这些营养元素在土壤中不被淋失，起到保持养分的作用。有机肥料中的腐殖酸是一种有机弱酸，它在土壤中容易与各种阳离子结合生成腐殖酸盐，可以形成一种缓冲溶液，减少土壤酸碱度的变化，以保证葡萄有一个正常生长的环境条件。大量施用有机肥料，它可以在土壤中形成一个"隔离层"，切断毛细管，减少盐分的上移，以消除土壤中高浓度盐分所引起的毒害作用。

（4）减少土壤中养分的固定，提高化肥的肥效　有机肥料中含有各种原生或次生成分，可以与土壤或肥料中某些营养元素发生"螯合作用"，以减少营养元素与土壤间发生的化学反应，提高肥料的有效性。所谓"螯合作用"就是有机肥料中的腐殖酸与土壤中的无机盐类形成一个配位体，很像河蟹的钳子一样，使它们之间相互结合得很牢固。在北方石灰性土壤上有机肥料可以提高磷肥、铁肥的有效性就是这一道理。

（5）调节土壤理化性质，有改土作用　土壤是一个由很多土壤团聚体所构成的单位。每个团聚体是由土壤有机胶体和无机胶体结合而成的一个小土粒。土壤团聚体是土壤结构的基本单位。良好的团聚体具有多孔性，可以调节水、肥、气、热状况，促进土壤微生物活动，加速土壤养分的转化。有结构的土壤兼有蓄水、保肥、通气三种作用。每个小团粒像是一个"小水库"和"小肥库"，能不断地供应葡萄生长发育所需的水分、养分和空气。长期大量施用有机肥料，可以促进土壤团聚体的形成。有机肥料改土的另一个作用是调节土壤松紧度，使土壤容重减少。土壤容重又叫土壤容积比重，它是一定单位体积的土壤烘干后的重量，常用"克/厘米^3"表示。一般熟化耕作土壤的容重小，生土或底土容重大。土壤容重大，保墒蓄水能力差，反之则强。一般农田耕作土壤的容重以 1.14～1.26 克/厘米^3 为好。施用有机肥料可以降低土壤容重。因此，改良土壤最好的方法就是长期施用有机肥料。

大多数有机肥料都是通过微生物的缓慢分解作用释放养分，所以在整个生长期均可以持续不断地发挥肥效，来满足葡萄不同生长发育阶段和不同器官对养分的需求。因此，有机肥料多作基肥施用。

常用有机肥料的种类、主要成分、性质及其主要应用方法见表6-1、表6-2、表6-3和表6-4。

表6-1　粪尿、厩肥、土杂肥的种类、主要成分、性质及施用方法

名称	含量（%）			性质	施用方法
	氮	磷	钾		
人粪尿	0.5～0.8	0.2～0.4	0.2～0.3	尿酸性，含氮为主，分解后能被作物吸收，肥效快	1. 腐熟后施用，可做基肥或追肥；2. 含有少量氧化物
人粪	1.00	0.50	0.37		
人尿	0.50	0.13	0.19		
猪粪尿	0.50	0.35	0.40	尿碱性，肥分含量较高，均衡，性柔，劲大而长，属暖性肥	1. 腐熟后施入可改良土壤；2. 可做种肥，有利于幼苗生长
猪粪	0.56	0.40	0.44		
猪尿	0.30	0.12	0.95		
牛粪尿	0.40	0.13	0.60	尿碱性，粪质细，含水多，腐烂慢，发酵温度低，属冷性肥	腐熟后应用
牛粪	0.32	0.25	0.15		
牛尿	0.50	0.03	0.65		
马粪尿	0.70	0.50	0.55	尿碱性，粪疏松多孔，火性，劲短，属热性肥	1. 马粪内含有纤维分解细菌，用做堆肥材料可加速腐烂；2. 用做温床最好
马粪	0.55	0.30	0.24		
马尿	1.20	0.10	1.50		
羊粪尿	0.95	0.35	1.00	尿碱性，粪含水量少，养分浓厚，分解快，属燥性肥	1. 圈内积存，不能露晒，随出随盖；2. 可与猪、牛粪混合堆沤，肥效长
羊粪	0.65	0.50	0.25		
羊尿	1.40	0.03	2.10		

（续）

名称	含量（%）			性质	施用方法
	氮	磷	钾		
鸡粪	1.63	1.54	0.85	新鲜禽粪中的氮主要为尿酸盐类，不能直接为作物吸收，属迟效肥	1. 宜腐熟后施用；2. 宜干燥贮存，否则易产生高温，促进氮素损失
鸭粪	1.10	1.40	0.62		
鹅粪	0.55	0.50	0.95		
蚕粪	2.2～3.5	0.5～0.75	2.4～3.4		
猪厩肥	0.45	0.19	0.60	有机质含量高，迟效，劲长	1. 多用做基肥；2. 宜施入沙土、黏土，改良土壤
牛厩肥	0.34	0.16	0.40		
土粪	0.12～0.58	0.12～0.63	0.26～1.58		

注：引自陈伦寿等主编，果树配方施肥技术问答，中国农业出版社，1994.

表 6-2　饼肥的种类、主要成分、性质及施用方法

名称	含量（%）			性质	施用方法
	氮	磷	钾		
花生饼	6.32	1.17	1.34	含有机质多，约75%～85%，氮素较丰富，还有一定量的磷、钾和微量元素。饼肥中的磷不能直接被作物吸收。因含有油脂，分解较慢，但肥效稳而持久，呈微酸性	应沤熟后用做基肥
棉籽饼	3.41	1.63	0.97		
芝麻饼	5.80	3.00	1.30		
菜籽饼	4.60	2.48	1.40		
桐籽饼	3.60	1.30	1.30		
蓖麻饼	5.00	2.00	1.90		
米糠饼	2.33	3.01	1.76		
乌桕饼	5.16	1.89	1.19		
苍籽饼	4.47	2.50	1.74		
大豆饼	7.00	1.32	2.13		

注：引自陈伦寿等主编，果树配方施肥技术问答，中国农业出版社，1994.

表6-3　主要农作物秸秆的养分含量

种类	全氮（%）	全磷（%）	全钾（%）	粗有机物（%）	碳氮比（C/N）
稻草	0.91	0.13	1.89	81.3	45.9
小麦秸	0.65	0.08	1.05	83.0	61.4
玉米秸	0.92	0.15	1.18	87.1	48.3
高粱秸	1.25	0.15	1.43	79.6	46.7
花生秸	1.82	0.16	1.09	88.6	23.9

表6-4　我国常见的绿肥作物及其特性

种类	简要特性	扦插播种量（千克/公顷）
紫穗槐	多年生豆科落叶灌木，适应性强，可生长于沙土至黏土，适应 pH5.0～9.0，耐酸、耐旱、耐瘠薄中等。鲜茎叶中含氮素丰富，每公顷产鲜草 37 500～45 000 千克	扦插或播种
草木樨	一二生豆科绿肥作物，适应性强，耐瘠薄、抗旱、耐寒、较耐盐碱，可生长在沙壤土至黏土，适应 pH5.0～8.5，每公顷产鲜草 45 000 千克	1.5～15
田菁	一年生豆科绿肥作物，适应性较强，耐盐碱、耐湿性强，可生长在壤土至黏土，适应 pH5.0～9.0，每公顷产鲜草 22 500～45 000 千克	45～60
紫花苜蓿	多年生豆科绿肥作物，是典型喜钙植物，耐寒性强，较耐旱、耐瘠薄，适于壤土至重壤土，适应 pH6.0～9.0，根系分泌皂角苷，对苹果、核桃等生长不利。应注意间作年限及距果树的距离	
柽麻	一年生豆科绿肥作物，对土壤要求不严，较耐旱、耐瘠薄、耐湿，也较耐盐碱。但在北方留种较差	45～60
毛叶苕子	一年生豆科绿肥作物，适应性较强，耐盐碱、耐湿性强，土壤适应性广，从沙土至黏土都适应，pH5.0～8.5，较耐瘠薄，耐寒性较强，耐涝性较差	60～90
沙打旺	多年生豆科绿肥作物，适应性强、耐瘠薄、抗旱、耐盐、抗风，适于微酸性至重碱性土壤	7.5～15

（续）

种类	简 要 特 性	扦插播种量（千克/公顷）
紫云英	一二年生豆科绿肥作物，喜肥沃疏松土壤，根瘤菌专化性强，播前接菌并拌磷肥，每公顷产鲜草 84 000 千克	
聚合草	多年生紫草科绿肥作物，适应性强，耐寒、耐热，也较耐旱，肥水充分产量高，每公顷高达 15 万千克，并可做饲料	分株、切根和茎插
小冠花	为半蔓生多年生豆科草本植物。根系粗壮发达，质嫩。耐寒、耐瘠薄，可在荒废地段种植，也可做饲料。唯不适于酸性土壤，在排水良好，pH 6 以上的肥沃土壤种植最好	播种或无性繁殖
商陆	又叫山萝卜、花商陆、土人参等。为多年生宿根性草本植物，属商陆科。适应性广，生活能力强，产量高，肥效好，用途广，栽培容易，是红壤丘陵果园一种较理想的保护梯壁的良好的多年生绿肥作物，每公顷产鲜草 48 750～67 500 千克	播种繁殖，每穴8～10 粒，发芽率70％～80％

沼肥也是很好的有机肥，其中沼液是含有水溶性及多种养分的速效肥料。长期使用沼液肥可促进土壤团粒结构的形成，使土壤疏松，增强土壤保水保肥能力，改善土壤理化性状，提高土温，使土地有机质、全氮、全磷及有效磷等养分均有不同程度的提高。使用沼液肥作基肥时，需将发酵好的沼气肥料直接与秸秆土混合，分层埋入树冠外围的滴水线附近施肥沟，不要使肥料过多的接触根系，以免肥害伤根。沼渣是一种优质有机肥，含腐殖酸平均11％左右，氮、磷、钾速效养分含量也较高，其肥效优于沤制有机肥。可作基肥或追肥施用，一般每 667 米^2 用量1 200～1 600千克。沼渣除提供养分外，还有明显的培肥改土效果，宜深施，最好集中施用，如穴施、沟施，然后覆盖 10 厘米左右厚的土，以减少速效养分挥发。

微生物肥料的功效主要是与营养元素的来源和有效性有关，或与作物吸收营养、水分和抗病有关，概括起来有以下几个方面：①增加土壤肥力，这是微生物肥料的主要功效之一。如各种自生、联合、共生的固氮微生物肥料，可以增加土壤中的氮素来源，多种解磷、解钾微生物的应用，可以将土壤中难溶的磷、钾分解出来，从而能为作物吸收利用。②产生植物激素类物质刺激作物生长，许多用作微生物肥料的微生物还可产生植物激素类物质，能刺激和调节作物生长，使植物生长健壮，营养状况得到改善。③对有害微生物的生物防治作用，由于在作物根部接种微生物肥力，微生物在作物根部大量生长繁殖，成为作物根际的优势菌，限制了其他病原微生物的繁殖机会。同时有的微生物对病原微生物还具有拮抗作用，起到了减轻作物病害的功效。

我国微生物肥料的研究应用和国际上一样，是从豆科植物上应用根瘤菌接种剂开始的，起初只有大豆和花生根瘤菌剂；20 世纪50 年代，从前苏联引进自生固氮菌、磷细菌和硅酸盐细菌剂，称为细菌肥料；60 年代又推广使用放线菌制成的"5406"抗生菌肥料和固氮蓝绿藻肥；70～80 年代中期，又开始研究 VA 菌根，以改善植物磷素营养条件和提高水分利用率；80 年代中期至 90 年代，农业生产中又相继应用联合固氮菌和生物钾肥作为拌种剂；近几年来又推广应用由固氮菌、磷细菌、钾细菌和有机肥复合制成的生物肥料做基肥施用。从成品性状看，我国微生物肥料的制成品剂型主要分为液体和固体两种。液体有的是由发酵液直接装瓶，也有试用矿油封面的；固体剂型主要以草炭为载体，分粉剂、颗粒两种剂型，近年来也有用蛭石为吸附剂的。还有用发酵液浓缩后冷冻干燥的制品。从内含物看，有单菌株制剂、多菌株制剂，也有微生物加增效物（如化肥、微量元素和有机物等）。近年还有施用量较大的微生物肥料作为底肥。

微生物肥料是活的生物体，有它自身的特点，如肥料的质量人眼不能判定，只能通过分析测定；合格的微生物肥料对环境污染少；微生物肥料用量少，每 667 米^2 通常使用 500～1 000 克微生物菌剂；肥料作用的大小，容易受光照、温度、水分、酸碱度等影响。微生物肥料的有效期限，通常为半年至一年。施用方法比化肥、有机肥料要求严格。因此，要注意的是：微生物肥料购买回家后，要尽快施到地里，并且开袋后要一次用完；未用完的微生物肥料，要妥善保管，防止微生物肥料中的细菌传播；微生物肥料可以单独施入土壤中，但最好是和有机肥料（如渣土）混合使用，不要和化学肥料混合使用；微生物肥料要施入作物根正下方，不要离根太远，同时盖土，不要让阳光直射到菌肥上；微生物肥料主要用作基肥，不宜叶面喷施；微生物肥料的使用，不能代替化肥的使用。

2. 化肥　化肥是现代工业发展的产物，具有多种类型，有由一种元素构成的单元素化肥；也有由两种以上元素构成的复合化肥（表6-5）。化肥的突出优点是，养分元素明确，含量高，施用方便，易保存，分解快，易吸收，肥效快而高。但它也有明显的弱点，长期施用易使土壤板结，土壤结构和理化性质恶化，土壤的水、肥、气、热不协调；施用不当，易导致缺素症发生，易产生肥害，或被土壤固定，或发生流失，造成浪费。所以，要求葡萄园的施肥制度要以有机肥为主，化肥为辅，化肥与有机肥相结合，土壤施肥与叶面喷肥相结合，减少单施化肥给土壤带来的不良影响。

表6-5　化肥的成分、性质及使用要点

1. 氮肥

肥料名称	含氮量（%）	性　质	使用要点
尿素	45～46	白色或淡黄色针状结晶或颗粒状，吸湿性较强，氮的形态为酰胺态	肥效稍慢于硝酸铵，含氮量高，可掺土或对水施用
硫酸铵	20～21	白色结晶，生理酸性，有吸湿性，易溶于水，氮的形态是铵态	不能与石灰、草木灰混用，在酸性土地区施用注意土壤酸化问题。在碱性土壤施用注意盖土，以免氮挥发

（续）

肥料名称	含氮量（%）	性　　质	使用要点
硝酸铵	32～35	白色结晶，有吸湿性及爆炸性，结块时不可密闭猛击，氮的形态是铵态—硝酸态	易受潮结块，注意密封，应放在桶或缸内加盖防潮，所含硝态氮不能被土壤胶体吸附，容易流失，应沟施覆土，不能与碱性肥料混用
碳酸氢铵	17	白色结晶有吸湿性，随温度升高而加速分解	易挥发，不宜在温室用，以免熏伤植株，追肥时要求深施覆土，不能与植株茎叶接触
氨水	12～16	无色或深色液体，呈碱性反应，有刺激性臭味，易挥发，氮的形式为铵态	注意深施，施后迅速盖土，不宜在沙土上施用，因挥发性强，避免与植株直接接触，防止灼伤。温室内空气流动慢，氨气易熏伤植株，不宜用，或用作基肥

2. 磷肥

肥料名称	含磷量（%）	性　　质	使用要点
过磷酸钙	14～20	灰白色粉末，稍有酸味，易与土中钙、铁等元素化合成不溶性的中性盐	不宜与碱性肥料混合施用，酸性土要先施石灰，一周后再施用。最好与有机肥料混合后作基肥或追肥施用
磷矿粉	14～36	灰褐色粉末，其中大部分的磷酸根很难溶解于弱酸。肥效需要经过转化才能被植株吸收	宜在酸性土地区施用，石灰性土壤施用时，要与土充分混合。由于肥效慢，宜作基肥或与有机肥料堆沤后再施用

（续）

肥料名称	含磷量（%）	性　　质	使用要点
钙镁磷肥	16～18	灰褐色或绿色粉末，含有可溶于柠檬酸的磷酸约14%～20%，碱性肥料，不吸湿，易保存，运输方便	肥效慢，不宜作追肥用，最好与堆肥混合后施用，深施在植株大部分细根分布层中，适宜于酸性土壤

3. 钾肥

肥料名称	含钾量（%）	性　　质	使用要点
硫酸钾	48～52	白色结晶，易溶于水，吸湿性较小，贮存时不结块，稍有腐蚀性，生理酸性	可作基肥、追肥施用，在酸性土壤中应注意施用石灰
硝酸钾	45～46	纯品为白色结晶，有助燃性。不宜放在高温或有易燃品的地方	作基肥或追肥施用
氯化钾	50～60	白色结晶，工业品略带黄色，生理酸性，易溶于水	作基肥追肥均可，长期施用能提高土壤酸度，注意在酸性土壤中配合使用石灰

4. 复合肥料

名　　称	成　　分	养分含量（%）		
		氮（N）	磷（P_2O_5）	钾（K_2O）
磷酸一铵	$NH_4H_2PO_4$	11～12	52	—
磷酸二铵	$(NH_4)_2HPO_4$	16～18	46～48	—
磷酸铵	$NH_4H_2PO_4 + (NH_4)_2HPO_4$	18	46	—
液体磷酸铵	$NH_4H_2PO_4 + (NH_4)_2HPO_4$	6～8	18～24	—
磷酸二氢钾	KH_2PO_4	—	52	34

二、标准化葡萄园肥料使用的基本原则

（一）无公害葡萄园肥料使用准则

1. 施肥原则　根据葡萄的施肥规律进行平衡施肥或配方施肥。

使用的商品肥料应是在农业行政主管部门登记使用或免于登记的肥料。

2. 允许使用的肥料种类

（1）有机肥料　包括堆肥、沤肥、厩肥、沼气肥、绿肥、作物秸秆肥、泥炭肥、饼肥、腐殖酸类肥、人畜废弃物加工而成的肥料等。

（2）微生物肥料　包括微生物制剂和微生物处理肥料等。

（3）化肥　包括氮肥、磷肥、钾肥、硫肥、钙肥、镁肥及复合（混）肥等。

（4）叶面肥　包括大量元素类、微量元素类、氨基酸类、腐殖酸类肥料。

3. 限制施用的肥料　限量使用氮肥。限制使用含氯复合肥。

（二）绿色食品生产肥料使用准则

1. 允许使用的肥料种类

（1）AA 级绿色葡萄生产允许使用的肥料种类

①农家肥　包括秸秆肥、绿肥、厩肥、堆肥、沼肥、沤肥、饼肥。

②有机肥　来源于植物或动物，经过发酵腐熟的含碳有机物料。

③微生物肥料　含有特定微生物活体的制品，应用于农业生产，通过其中所含微生物的生命活动，增加植物养分的供应量或促进植物生长，提高产量，改善农产品品质及农业生态环境的肥料。

（2）A 级绿色葡萄生产允许使用的肥料种类

除允许使用 AA 级种类外，还可以使用：

①有机无机复混肥料

②无机肥料

③土壤调节剂

2. 肥料使用原则

持续发展原则：绿色食品生产中所使用的肥料应对环境无不良影响，有利于保护生态环境，保持或提高土壤肥力及土壤生物

活性。

安全优质原则：绿色食品生产中应使用安全优质的肥料产品，生产安全、优质的绿色食品。肥料的使用应对作物（营养、味道、品质和植物抗性）不产生不良后果。

化肥减控原则：在保障植物营养有效供给的基础上减少化肥用量，兼顾元素之间的比例平衡，无机氮素用量不得高于当季作物需求量的一半。

有机为主原则：绿色食品生产过程中肥料种类的选取应以农家肥料、有机肥料、微生物肥料为主，化学肥料为辅。

（1）生产 AA 级绿色食品生产肥料使用规定

①应使用 AA 级绿色葡萄生产允许使用的肥料种类，不应使用化学合成肥料。

②可使用农家肥料，但肥料的重金属限量指标应符合 NY525 的要求，粪大肠杆菌群数、蛔虫卵死亡率应符合 NY884 的要求。宜使用秆肥和绿肥，配合施用具有生物固氮、腐熟秸秆等功效的微生物肥料。

③有机肥料应达到 NY525 技术指标，主要以基肥施入，用量视地力和目标产量而定，可配施农家肥料和微生物肥料。

④微生物肥料应符合 GB20287 或 NY884 或 NY/T798 的要求，可与允许使用的肥料配合施用，用于拌种、基肥或追肥。

⑤无土栽培可使用农家肥料、有机肥料和微生物肥料，掺混在基质中使用。

（2）A 级绿色食品生产肥料使用规定

①应使用 A 级绿色葡萄生产允许使用的肥料种类。

②农家肥料的使用按 AA 级标准执行，耕作制度允许情况下，宜利用秸秆和绿肥，按照 25：1 的比例补充化学氮素，厩肥、堆肥、沼肥、沤肥、饼肥等农家肥料应完全腐熟，肥料的重金属限量指标应符合 NY525 的要求。

③有机肥料的使用按照 AA 级标准执行，可施用 A 级标准规定的其他肥料。

④微生物肥料的使用按照 AA 级标准执行，可施用 A 级标准规定的其他肥料。

⑤有机-无机复混肥料在绿色食品生产中作为辅助肥料使用，用来补充农家肥料、有机肥料、微生物肥料所含养分的不足。减控化肥用量，其中无机氮素用量按当地同种作物习惯施肥用量减半使用。

⑥根际土壤障碍因素，可选用土壤调节剂改良土壤。

3. 其他规定

（1）生产绿色食品的农家肥料无论采用何种原料（包括人畜禽粪尿、秸秆、杂草、泥炭等）制作堆肥，必须高温发酵，以杀灭各种寄生虫卵和病原菌、杂草种子，使之达到无害化卫生标准（详见表 6-6）。农家肥料，原则上就地生产就地使用。外来农家肥料应确认符合要求后才能使用。商品肥料及新型肥料必须通过国家有关部门的登记认证及生产许可、质量指标应达到国家有关标准的要求。

表 6-6　农家肥料卫生标准

1. 高温堆肥卫生标准

编号	项　　目	卫生标准及要求
1	堆肥温度	最高堆温达 50～55℃，持续 5～7 天
2	蛔虫卵死亡率	95％～100％
3	粪大肠菌值	10^{-1}～10^{-2}
4	沙门氏菌	不得检出

注：引自《绿色食品—肥料使用准则》。

2. 沼气发酵肥卫生标准

编号	项　　目	卫生标准及要求
1	密封贮存期	30 天以上
2	高温沼气发酵温度	（53±2）℃持续 2 天
3	寄生虫卵沉降率	95％以上
4	血吸虫卵和钩虫卵	在使用粪液中不得检出活的血吸虫卵和钩虫卵
5	粪大肠菌值	普通沼气发酵10^{-4}，高温沼气发酵10^{-2}～10^{-1}
6	沙门氏菌	不得检出

（2）因施肥造成土壤污染、水源污染，或影响农作物生长、农产品达不到卫生标准时，要停止施用该肥料，并向专门管理机构报告。用其生产的食品也不能继续使用绿色食品标志。

（三）有机食品生产肥料使用准则

有机葡萄生产的肥料使用必须遵循如下原则：

1. 保证施用足够数量的有机肥以维持和提高土壤肥力、营养平衡和土壤生物活性。

2. 有机肥应主要来源于本农场或有机农场（或畜场）；遇特殊情况（如采用集约耕作方式）或处于有机转换期或证实有特殊的养分需求时，经认证机构许可可以购入一部分农场外的肥料。外购的商品有机肥，应通过有机认证或经认证机构许可。

3. 限制使用人粪尿，必须使用时，应当按照相关要求进行充分腐熟和无害化处理，并且不得与食用部分（如果实等）接触。

4. 天然矿物肥料和生物肥料不得作为系统中营养循环的替代物，矿物肥料只能作为长效肥料并保持其天然组分，禁止采用化学处理方法提高其溶解性。

5. 有机肥堆制过程中允许添加来自于自然界的微生物，但禁止使用转基因生物及其产品。

6. 在土壤培肥过程中允许使用和限制使用的物质见表6-7。

7. 使用表6-7未列入的物质时，应由认证机构按照下述准则对该物质进行评估。

（1）为达到或保持土壤肥力或为满足特殊的营养要求，而为特定的土壤改良或轮作措施所必需的，表6-7所不能满足和替代的物质。

（2）该物质来自植物、动物、微生物或矿物，并允许经过如下处理：①物理（机械、热）处理；②酶处理；③微生物（堆肥、消化）处理。

（3）经可靠的试验数据证明该物质的使用应不会导致或产生对环境的不能接受的影响或污染，包括对土壤生物的影响和污染。

（4）该物质的使用不应对最终产品的质量和安全性产生不可接受的影响。

表6-7　有机作物种植允许使用的土壤培肥和改良物质

物质类别		物质名称、组分和要求	使用条件
I. 植物和动物来源	有机农业体系内	作物秸秆和绿肥	
		畜禽粪便及其堆肥（包括圈肥）	
	有机农业体系以外	秸秆	与动物粪便堆制并充分腐熟后
		畜禽粪便及其堆肥	满足堆肥的要求
		干的农家肥和脱水的家畜粪便	满足堆肥的要求
		海草或物理方法生产的海草产品	未经过化学加工处理
		来自未经化学处理木材的木料、树皮、锯屑、刨花、木灰、木炭及腐殖酸物质	地面覆盖或堆制后作为有机肥源
		未掺杂防腐剂的肉、骨头和皮毛制品	经过堆制和发酵处理后
		蘑菇培养废料和蚯蚓培养基质的堆肥	满足堆肥的要求
		不含合成添加剂的食品工业副产品	应经过堆制或发酵处理后
		草木灰	
		不含合成添加剂的泥炭	禁止用于土壤改良；只允许作为盆栽基质使用
		饼粕	不能使用经化学方法加工的
		鱼粉	未添加化学合成的物质

（续）

物质类别	物质名称、组分和要求	使用条件
Ⅱ. 矿物来源	磷矿石	应当是天然的，应当是物理方法获得的，五氧化二磷中镉含量≤90毫克/千克
	钾矿粉	应当是物理方法获得的，不能通过化学方法浓缩。氯的含量小于60%
	硼酸岩	
	微量元素	天然物质或来自未经化学处理、未添加化学合成物质
	镁矿粉	
	天然硫黄	
	石灰石、石膏和白垩	天然物质或来自未经化学处理、未添加化学合成物质
	黏土（如珍珠岩、蛭石等）	
	氯化钙、氯化钠	
	窑灰	未经化学处理、未添加化学合成物质
	钙镁改良剂	
	泻盐类（含水硫酸岩）	
Ⅲ. 微生物来源	可生物降解的微生物加工副产品，如酿酒和蒸馏酒行业的加工副产品	
	天然存在的微生物配制的制剂	

注：引自《有机产品》。

三、葡萄施肥的时期和方法

　　葡萄需要量较大的营养物质有氧、氢、碳、氮、磷、钾、钙、镁等，称之为"大量元素"。还有一些元素如硼、铁、锰、锌、钴、钼、钠、氯、铜等需要量较少，但对葡萄的生长发育有很大的作用，因而称之为"微量元素"。除氧、氢、碳外，其余元素主要由葡萄植株的根系通过土壤吸收后输送到植株的各个部位，有时也可以从绿色部分渗入体内，如叶面喷肥。

生产者首先应了解主要矿质营养对葡萄生长、结果的影响和葡萄养分吸收的主要特征。为科学、高效使用肥料打下基础。

（一）葡萄养分吸收的主要特征

1. 生育期与无机养分吸收

（1）氮　氮肥在葡萄整个生命过程中主要促进营养生长，扩大树体，使幼树早成形，老树延迟衰老，又被称之为"枝肥"或"叶肥"。缺氮时叶色黄化，枝叶量少，新梢生长势弱，落花落果严重；长期缺氮，则导致植株利用储存在枝干和根中的含氮有机化合物，从而降低植株氮素营养水平，表现萌芽开花不整齐，根系不发达，树体衰弱，植株矮小，抗逆性降低，树龄缩短。

当土温达到 $12\sim13℃$ 时即发芽前后，葡萄植株开始氮的吸收，到花序出现期吸收开始活跃，一直到果粒膨大期都保持大量吸收状态。进入着色期后，枝叶对氮需要量减小，并向果实中转移，因此着色期后若供氮量多，易引起枝叶旺长，造成新梢成熟不良，果实糖度降低、着色差，并且冬季易受冻害。果实成熟后枝、根等的氮含量升高有利于贮藏养分的蓄积。

（2）磷　磷能促进葡萄花芽分化、果实发育、种子成熟，增加产量和改进品质；还能提高根系的吸收能力，促进新根的发生和生长，提高抗寒和抗旱能力。

葡萄植株从树液流动期就开始了磷吸收，此后与生长发育同步增加。在新梢伸长的最盛期和果实膨大期达到高峰。但在果实膨大期以后，发现此前蓄积在叶片、叶柄中的磷大量转移。果实采收期后，叶柄、叶片中的磷含量再度增加。但休眠期不吸收。

磷过多会抑制氮和钾的吸收，并使土壤中或植物体内的铁不活化，植株生长不良，叶片黄化，产量降低，还能引起锌素不足。因此，施肥时要注意氮磷钾等元素间的比例关系。

（3）钾　葡萄是喜钾植物，整个生长期间都需要大量的钾。钾

可促进果实膨大和成熟，提高品质和耐贮性，并可以促进枝条加粗生长和成熟，提高抗寒、抗旱、耐高温和抗病虫害的能力。

钾大多含于葡萄的果实和叶柄中，与生长发育同步被吸收，直到成熟期进行不间断的吸收。果实膨大期以后，枝叶中的钾向果实中大量转移，说明此时果实对钾的需要量增大。晚秋葡萄进入休眠期，钾移动到植株的根部，一部分随落叶回到土壤中。

（4）钙　钙在植物体内主要起着平衡生理活性的作用，适量的钙可以减轻土壤中钾、钠、锰、铝等离子的毒害作用，使植株正常吸收铵态氮，促进根系的生长发育。

钙在五种大量元素中吸收量最多，在整个生长发育时期都不间断吸收，但叶柄和叶身中的钙几乎不向果粒中转移。

（5）镁　镁可以促进果实膨大，增进品质。大部分镁在葡萄的花序着生期到果实膨大期被吸收，其后的吸收很少。但在果粒膨大期，叶柄、叶身中蓄积的镁大量向果实中转移。如果叶柄和叶身中蓄积量少，则会发生缺镁症。

2. 土壤通气性与养分吸收　排水不良、地下水位高或下层有不透水层的土壤，当降水量大而发生滞水时，根际土壤中的空气浓度降低，根的呼吸作用减弱，养分的吸收减退，生长发育明显受到阻碍。随土壤中氧含量的降低，磷和镁的吸收显著降低，氧下降到5％以下时，钾的吸收也明显变得不良。

（二）与施肥有密切关系的几个因素

1. 土壤条件与施肥　葡萄植株对施肥氮的依赖程度是地力氮的 1/3～1/5，所以在肥沃土壤上种植葡萄时，其中过剩的地力氮往往是导致一些葡萄品种营养生长过旺、落花落果严重、品质降低以及生长发育后期枝梢旺长、冬季耐寒力降低的一个重要原因，而这种地力氮又是人为难以操纵的。所以在肥沃土壤上种植葡萄时（尤其是巨峰群），头几年可以不施氮肥，同时实行生草栽培以吸收消耗土壤中的一部分氮（割下来的草收集起来扔掉），直到5～6年后树势缓和下来为止。

土壤中某种元素的供给量低，则供给该种元素的肥料需要量就高，施用效果亦大，反之则小。土壤排水不良或土壤紧密而通气不良时，钾的吸收最易受抑制，故需要多施富钾肥料。

其次，土壤水分的多少对肥效的影响极大。干旱年份土壤水分少，即使施肥量大，肥害也少，相反，在多雨年份，即使少肥，肥效也强。为了有效地提高肥效，在多雨年份应注意排水，而干旱年份必须灌水。

进行土壤改良后，土壤的理化性质变好，根的活力提高，施肥量应比改良前减少。

2. 品种与施肥　葡萄对肥料尤其是氮肥反应敏感，多肥并不一定能创造高产优质。这种倾向在品种之间也存在，大致上，产量高的品种需肥量（尤其对氮肥的需要量）多于产量较低的品种；晚熟品种需肥量大于早熟品种。欧亚种比美洲种敏感，但欧美杂种中的巨峰群四倍体品种（先锋、峰后等）对氮肥特别敏感，尤其是幼龄树期间，根据地力以少肥或不施肥为好。

3. 架式、修剪与施肥　不同架式葡萄的生长量不同，一般来讲，篱架栽培的葡萄营养生长较强，应适当少施速效性肥料，而棚架栽培的葡萄进入盛果期后，营养生长易出现衰弱，应适当补充速效性肥料。修剪过重时，葡萄留芽数少，根及树干中的储藏养分供应集中，发芽后，营养生长过旺，表现一些氮过量时的不良影响，如落花落果严重、徒长、新梢发育停止时期延迟、果实品质不良等。所以在重修剪时，应相应减少施肥。

（三）营养诊断与施肥

葡萄为藤本平面栽培的果树，与其他立体栽培的果树有所不同：其一是体内养分的稀释度过大，对贮藏养分的依赖程度也大。所以在施肥之前应对树体进行营养诊断，以免盲目施肥引起生理伤害。

好的葡萄生育相应该为：发芽率高，发芽整齐，开花期确保有13～15片叶，同时新梢暂时停止生长，使新同化养分集中供应到开花受精上。此后随果粒的膨大，新梢再次伸长，到着色期前后停止生长。以后同化养分集中消耗于果粒的膨大和成熟上。

葡萄新梢基部5、6节（含花序）的形成完全依赖于贮藏养分，以后的生长发育则依赖于基部叶片进行光合作用制造的新同化养分。因此，为使初期的生长发育良好，除了重视秋季施肥在内的一系列秋季管理，提高树体内的贮藏养分以外，从葡萄活动的初期开始还必须向树体内输送必要的氮。

（四）施肥的时期和方法

1. 施肥的时期及其目的　葡萄施肥大致上可以分为基肥和生长季追肥两种。栽培中选择以基肥为主还是以追肥为主，应遵循以下原则：

（1）看土壤保肥能力的高低即耕作层的深度、腐殖质的多少。耕作层深、腐殖质多、保肥能力好的土壤，应以施基肥为主。

（2）看施用肥料的类型：有机肥料主要用作基肥，而速效性肥料主要在生长季追施。

（3）看品种成熟期、落花落果轻重等：早熟品种以施基肥为主，晚熟品种一般还需要追肥；树势旺、落花落果重的品种（如巨峰）应控制基肥的施肥量，以追肥调节为好。

此外，夏季应对开花的新梢伸长情况等进行营养诊断，以决定是否追肥。

（1）基肥　施基肥的目的在于为果实膨大和成熟供应所需肥料，要求从贮藏养分向新同化养分的转换期以后一直到成熟期，在相当长的时期内能持续释放肥效。一般在进入休眠期之前或休眠期施用。必须选在春季根群活动时期可被分解成根能吸收的状态的肥料。在冬季低温冻土带及雨少的干燥地区，必须秋施基肥。施入时要深施达到葡萄根系的主要分布层。秋季施基肥，葡萄根系进入第二次生长高峰，此时可使施肥造成的断根迅速再生，增强吸收作用；有机肥在整个冬季里逐渐分解，第二年植株生长时便可及时吸收。基肥的肥效可长达 2～3 年，因此，不要年年在同一位置重复施基肥。

春施基肥是很不科学的。因为我国北方春季常干旱，翻土失水会严重降低墒情；此时施肥，断根不易愈合，新根发生慢，根系整体吸收能力降低；有机肥施入后，由于气温低，时间短，在前期肥效作用不明显，影响萌芽、新梢生长、花芽分化，并降低坐果率；中后期肥效发挥作用时，又往往会引起新梢旺长，延迟果实成熟，使新梢成熟度降低，影响植株越冬及次年生长。

秋肥：秋肥的目的在于给已处于疲劳状态的叶和根提供速效性的氮肥，以使其恢复同化作用，增加树体内的贮藏养分。施肥时期必须与秋根活动期相吻合，即早熟品种在采收后，中晚熟品种以采收期或采收后马上施为好。施肥量为年总施肥量的20％～30％，以氮为主。但要注意避免引起秋梢生长。

我国生产上一般比较强调秋施基肥，对秋肥的重要性认识不足。考虑到基肥主要以迟效性肥为主，而秋肥以速效性为主，可以将二者合并为一次施，肥料中必须有速效性肥（尤其是氮），又有迟效性肥统称基肥。

鸡粪就是很好的基肥肥料。若秋季葡萄采收后叶片呈浓绿色，基肥应晚些施或施含速效氮浓度低的有机肥，以免引发秋梢。若采收后叶色变淡，应尽早补充肥料，以使叶片迅速返青。

（2）夏肥　在沙地和倾斜地等保肥力差的土壤上，夏肥是必须的，而且应少量多次分施。除此之外，夏肥是否应该施、如何施、施多少，应根据开花期的树相（包括新梢长度、叶片大小等）作出判断。一般夏肥分土施和叶面追肥两种。土施可在植株附近（约 45 厘米外）开浅沟施入，施后灌水。叶面施可随喷药同时进行，前期以氮肥为主，果实生长期以磷和钾为主，着色期后以钾肥为主。

我国葡萄生产中，葡萄夏肥的具体施用时期常与葡萄的物候期

相联。一般结果葡萄植株每年需追施肥4次左右。

A. 萌芽前追肥　这次肥以速效性氮肥为主，如尿素、碳酸氢铵、硫酸铵或腐熟的人粪尿等。在伤流期，葡萄植株根系开始活动，此期追肥效果明显，可提高萌芽率，增大花序，迅速扩大叶幕。如果基肥施入量比较足或植株生长偏旺，萌芽前可以不用追肥。

B. 开花前追肥　此期应以追加速效性氮、磷为主，也可适当配合施用一定量的钾肥。这次追肥对于葡萄的开花、授粉、受精和坐果及当年花芽分化都有很好的作用，但对于落花落果严重的巨峰等品种，花前一般不追氮肥，而应在开花后尽早施用。此外，花前叶面喷施硼砂也能提高坐果率。

C. 幼果期追肥　以氮肥和磷肥为主，适当加入钾肥。幼果期追肥可以促进浆果迅速增大，并促进花芽分化。若新梢旺长要控制放入氮肥。

D. 浆果成熟期追肥　此期主要施入钾肥和适量磷肥，果实成熟和枝条的成熟均需要足够的钾肥，可以促进浆果上色和枝条成熟。

2. 施肥方法　不同性质的肥料施用的方法也要有所不同。氮肥应浅沟施入后，覆土再灌水；磷、钾类的化肥必须深施在细根大量分布的土层中；含钾为主的草木灰，一定要与氮肥分开施用，以免氮肥损失肥效。有机肥的施用必须深施于细根大量发生的分布层内。棚架葡萄的细根大量分布于架后畦内5倍的地面下50厘米附近，篱架葡萄也是在土层50～70厘米处细根数量最多，施肥时还要注意至少间隔2～3年才可在同一地点施入基肥，以免损伤大量新根，并把尚未分解利用完的有机肥重新翻上地表面。

追肥分为根际追肥和根外追肥两种，根际追肥指施肥入土结合灌水或降水，把肥料溶于水中后直接喷布于葡萄植株表面则为根外追肥。一般由于根外追肥效果快、节省水和肥料，应用较多，根外追肥时，既可追加主要营养元素，又可根据葡萄园的情况加用微量元素，尤其是可以补充明显缺少的元素。根外追肥一般在清晨或傍晚进行，即要避开中午高温时间，以免造成肥害。葡萄常用的根外追肥种类和浓度见表6-8。

表6-8　葡萄根外追肥的种类和稀释浓度

肥料种类	使用浓度（%）	喷布时间	备　　　注
尿素	0.3～0.5	生长期	不能与草木灰、石灰混用
磷酸二氢钾	0.2～0.5	生长期	
硼酸、硼砂	0.2～0.3	花　期	
硫酸锌	0.2～0.5	萌芽期，生长期	防治小叶病
硫酸亚铁	0.3	生长期	防治黄叶病
硫酸锰	0.2～0.3	生长期	防治缺锰症
醋酸钙、氨基酸钙	0.5～1	生长期	增加果实硬度
过磷酸钙（浸出液）	2～3	生长期	不能与草木灰、石灰混用
草木灰（浸出液）	3～5	果实生长后期	不能与氮肥、过磷酸钙混用
硫酸钾、硝酸钾	0.3～0.5	果实生长后期	

（五）有机葡萄园的施肥技术

有机葡萄园施肥主要是有机肥和矿物肥料的使用，不同来源的肥料其有效成分差别较大，施肥时在肥料种类、施肥量和施肥时间上要充分考虑这一因素。就有机肥而言，其肥效表现与其有机质在土壤中的分解、矿化释出的养分要素及有效养分释放速率有密切关系。有效养分的释放速率受碳氮比影响，碳氮比较低，有机质分解较快，养分含量及释放速率均较高。施肥时还要根据作物本身的营养吸收和利用规律，有针对性地选用不同的有机肥进行配方施肥、营养诊断施肥等，同时要遵循前重后轻、重视底肥的原则，并且为保证土壤肥力不断提高，还要遵循在满足作物养分需求的同时尽量多施一些的原则，做到用地养地相结合。

1. 基肥　有机生产要考虑到树体生长与改良土壤的双重需要，有机肥的施用量应掌握在1千克果2～3千克肥的标准。所以每

667 米² 产量 1 500 千克左右的葡萄园，有机肥的用量不可少于
3 000千克。施基肥最适宜时期是果实采收后、秋季落叶前 1 个月。
采收后应当马上灌水，使土壤湿润后施下以蔗渣、稻壳、锯木屑、
泥炭、猪粪、牛粪、羊粪、油粕类（黄豆粕、花生粕、芝麻粕、菜
籽粕、棉籽粕、蓖麻粕等）、米糠、蛤壳粉、磷矿粉、骨粉、血粉、
海草粉及少量炭化稻壳、木炭屑、浮石或麦饭石、虾蟹壳粉和有益
微生物等混合堆积发酵制成的有机肥，另外，酌量使用石灰及其他
钙镁材料做基肥，然后喷施溶磷菌。

　　基肥的使用应根据基肥的性质和土壤条件，采用不同的施用方
法。像厩肥、堆肥、沤肥等有机肥料，可以进行全园撒施。将肥料
均匀的撒施于树冠内外的行间，然后结合耕地，将肥料翻入土中。
此法肥料施用量大，且比较有利于改善果园土壤，改良环境。多数
情况下是将各类有机肥和施作底肥的磷、钾肥一同埋入树冠下的土
壤当中，具体施用的方法有放射沟状施、环状沟施、条状沟施等施
用方法。这种施肥方法，肥效比较集中，肥效也比较高。应注意与
上一年施肥的位置错开。

　　山区干旱又无水浇条件的葡萄园，因施用基肥后不能立即灌
水，所以，基肥也可在雨季趁墒施用。但有机肥一定要充分腐熟，
施肥速度要快，并注意不伤粗根。在有机肥源不足时，一方面可将
秸秆杂草等作为补充与有机肥混合使用，另一方面，有限的有机肥
还是要遵循保证局部、保证根系集中分布层的原则，采用集中穴
施，以充分发挥有机肥的肥效。集中穴施，就是从树冠边缘向里挖
深 50 厘米、直径 30～40 厘米的穴，数目以肥量而定，然后将有机
肥与土以 1∶3 或再加一些秸秆混匀，填入穴中再浇水。另外，磷
钾肥甚至锌肥、铁肥等最好与有机肥混合施用，以提高其利用率。

　　2. 追肥　　富氮有机肥主要来自动物残体的堆腐物和人畜粪尿，
尽管为有机氮肥也易流失。富磷有机肥主要是磷矿粉、禽粪等，富
钾有机肥主要有草木灰、钾矿粉及来源于植物的堆肥等。

　　沼液肥作追肥使用时，可在生长期间每 15 天施沼液肥 1 次，
10 月中下旬结束施肥。必须在树冠外围挖土 10～15 厘米深，混土

施入。高温期间选阴凉天气施肥，以免对果树产生肥害。沼渣作追肥，应深施覆土，深施 6～10 厘米时效果最好。

根外追肥所用肥料主要是液体有机肥、沼液和草木灰、海藻、禽粪等的浸提液。如沼液肥作叶面喷肥适用浓度为 20％，一般隔 10～15 天喷 1 次。

根外喷肥后 10～15 天，叶片对肥料元素的反应最明显，以后逐渐降低，至第 25～30 天则消失，因此如想在某个关键时期发挥作用，在此期内隔 15 天 1 次连续喷施。秋季采收后到落叶前和早春萌芽前是根外追喷肥的两个重要时期。

第七章

病 虫 害 防 治

一、标准化葡萄园的农药使用准则

（一）主要农药种类

1. 生物源农药 指直接利用生物活体或生物代谢过程中产生的具有生物活性的物质或从生物体提取的物质作为防治病虫草害的农药。包括微生物源农药、动物源农药和植物源农药等。

（1）微生物源农药 包括农用抗生素和活体微生物农药。

①农用抗生素

A. 防治真菌病害 灭瘟素、春雷霉素、多抗霉素（多氧霉素）、井冈霉素、农抗120、中生菌素等。

B. 防治螨类 浏阳霉素、华光霉素。

②活体微生物农药

A. 真菌剂 蜡蚧轮枝菌等。

B. 细菌剂 苏云金杆菌、蜡质芽孢杆菌等。

C. 拮抗菌剂。

D. 昆虫病原线虫。

E. 微孢子。

F. 病毒 核多角体病毒。

（2）植物源农药 包括除虫菊素、鱼藤酮、烟碱、植物油等杀虫剂，大蒜素等杀菌剂，印楝素、苦楝、川楝素等拒避剂以及芝麻素等增效剂。

（3）动物源农药　主要有昆虫信息素（或昆虫外激素），如性信息素。

2. 矿物源农药　有效成分起源于矿物的无机化合物和石油类农药。

①无机杀螨杀菌剂

A. 硫制剂　硫悬浮剂、可湿性硫、石硫合剂等。

B. 铜制剂　硫酸铜、王铜、氢氧化铜、波尔多液等。

②矿物油乳剂

3. 有机合成农药　由人工研制合成，并由有机化学工业生产的商品化的一类农药。包括化学杀虫剂、杀螨剂、杀菌剂、杀线虫剂、除草剂和植物生长调节剂等。

（二）无公害葡萄园的农药种类及其合理使用

无公害葡萄生产使用的药剂，必须是世界上（无论是哪个国家）在葡萄上有登记的化合物。不能使用有致癌、致畸、致突变的危险或嫌疑的药剂。

1. 药剂使用准则

（1）禁止使用剧毒、高毒、高残留、有"三致"（致畸、致癌、致突变）作用和无"三证"（农药登记证、生产许可证、生产批号）的农药。

（2）提倡使用矿物源农药、微生物和植物源农药。常用的矿物源药剂有（预制或现配）波尔多液、氢氧化铜、松脂酸铜等。

（3）科学合理使用农药

① 对症施药：根据田间的病虫害种类和发生情况选择农药，防治病害以保护性杀菌剂为基础。

② 适时施药：根据预测预报和病虫害的发生规律，确定使用药剂的最佳时期。

③ 使用农药要均匀周到、喷到位置。要选择合适的施药设备和使用方法，保证使用的农药准确、到位。

④ 严格按照农药的使用剂量使用农药。同一种类的允许使用的药剂：一般保护性杀菌剂可以使用 3～5 次；具有内吸性和渗透作用的农药可以使用 1～2 次，最好只使用 1 次；杀虫剂可以使用 1～2 次，最好使用 1 次。严格按农药的安全间隔期使用农药。

⑤ 在采收前 20 天，禁止农药的使用。如果出现特殊情况，需要在采收前 20 天之内使用农药，必须在植保专家指导下采取措施，确保食品安全。

⑥ 每一个生产者，必须对葡萄园中使用农药的时间、农药名称、使用剂量等进行严格、准确的记录。

⑦ 严禁使用未核准登记的化合物。

⑧其他情况按农药使用准则执行。

2. 植物生长调节剂使用准则　允许赤霉素在诱导无核果、促进无核葡萄果粒膨大、拉长果穗等方面的应用。

3. 除草剂的使用准则　禁止使用苯氧乙酸类（2，4－D、MC-PA 和它们的酯类、盐类）、二苯醚类（除草醚、草枯醚）、取代苯类（五氯酚钠）除草剂；允许使用莠去津，或在葡萄上登记过的其他除草剂。

葡萄无公害栽培农药的使用见表 7－1、表 7－2 和表 7－3。

表 7－1　葡萄园可以使用的药剂

商品或 通用名称	剂　　型	防治对象	a 剂量	b	c
必备	80%可湿性粉剂	霜霉病、炭疽病、黑痘病、酸腐病等	400 倍	7	2
代森锰锌类 喷克、喷富露	80%可湿性粉剂 WP 42%胶悬剂	霜霉病、炭疽病、黑痘病等	100～190 克 （800 倍） 190～350 克 （600 倍）	3	10
科博	78%可湿性粉剂	霜霉病、炭疽病、黑痘病、白腐病、灰霉病、房枯病等	110～135 克 （800 倍）	4	10

（续）

商品或通用名称	剂 型	防治对象	a 剂量	b	c
美安	10%水剂	炭疽、白粉、白腐、霜霉	600 倍	5	7
氢氧化铜	77%可湿性粉剂	霜霉病、炭疽病等	400 倍	3	5
松脂酸铜	12%乳油	霜霉病、黑痘病等	210～250 克	5	7
福美双	50%可湿性粉剂	白腐病、炭疽病等	500～1 000 倍	2	30
甲基硫菌灵	36%悬浮剂	炭疽病、黑痘病、白腐病、灰霉病等	500～600 倍	2	30
	70%可湿性粉剂		1 000 倍		
多菌灵	50%可湿性粉剂	炭疽病、黑痘病、白腐病、灰霉病等	50%可湿性粉剂 500～600 倍	2	30
烯唑醇（禾果利）	12.5%可湿性粉剂	白粉病、黑痘病、白腐病等	4 000 倍	1	21
腐霉利（速克灵）	20%悬浮剂 50%可湿性粉剂	灰霉病	25～50 克	2	14
异菌脲	50%可湿性粉剂	灰霉病等	100 克	1	7
农抗 120	2%、4%水剂	白粉病、锈病等	2%制剂 200 倍	2	
烯唑醇＋代森锰锌	32.5%可湿性粉剂	黑痘病、白腐病等	400～600 倍	1	21
恶唑菌酮＋代森锰锌	68.75%水分散粒剂	霜霉病	800～1 200 倍	1	30
科克（烯酰吗啉）	50%WP	霜霉病	135～165 克 （2 000～3 000）	1	7
甲霜灵＋代森锰锌	58%可湿性粉剂	霜霉病	125～200 克	2	21
多菌灵＋福美双	40%可湿性粉剂	霜霉病、白腐病等	670～1 000 倍	1	30
多菌灵＋井冈霉素	28%悬浮剂	白腐病等	1 000～1 250 倍	1	30
波尔多液	硫酸铜：石灰：水＝1：0.5～0.7：200～240	霜霉病、炭疽病、黑痘病等		3	10

137

（续）

商品或 通用名称	剂　型	防治对象	a剂量	b	c
石硫合剂	熬制或制剂	黑痘病、白粉病、毛毡病、介壳虫等		4	15
三乙膦酸铝 （疫霜灵）	80%可湿性粉剂	霜霉病等	100克	2	15
霜脲氰＋代森锰锌	72%可湿性粉剂	霜霉病	135～160克	1～2	7
亚胺唑	5%、15%可湿性粉剂	黑痘病等	15%：3 500倍	1	28
宝丽安（多氧霉素）	10%可湿性粉剂	灰霉病等	10%：100～150克	2	7
乙烯菌核利	10%可湿性粉剂	灰霉病	75～100克	2	7
嘧霉胺	40%胶悬剂	灰霉病	63～94克	2	21
戴唑霉	22.2%乳油	炭疽病、白粉病、黑痘病、灰霉病、白腐病等	1 000～1 200倍	2	＊
敌百虫	80%可溶性粉剂	多种害虫		1	28
辛硫磷	50%乳油	多种害虫		1	15
歼灭	10%乳油	多种害虫		2	21
杀螟硫磷	50%乳油	多种害虫		1	30
四螨嗪	50%悬浮剂	螨虫：锈壁虱、短须螨等	1 600～2 000倍	1	30
三唑锡	25%可湿性粉剂	螨虫：锈壁虱、短须螨等	1 000～1 500倍	2	30
氯吡脲	0.1%可溶性液剂	保花、保果、果实膨大	500～1 000倍	1	45
噻苯隆	0.1%可溶性液剂	花期保花、保果	1 670～2 500倍	1	
赤霉素	40%水溶性片剂	果实膨大、无核处理	50～200毫克/千克	2	45

（续）

商品或通用名称	剂　型	防治对象	a 剂量	b	c
萘乙酸	20%粉剂	插条处理，促进生根、提高成活	1 000～20 000倍	1	
莠去津	48%可湿性粉剂	一年生杂草	313～415克	2	30
草甘膦	41%水剂	杂草	150～400克	2	15

注：a. 每667米²用制剂量或使用倍数；

　　b. 每生长季节最多使用次数；

　　c. 安全间隔期（天）。本表内容由王忠跃提供。

表7-2　葡萄园限制使用的化学农药（生长季中仅可用1次）

农药名称	最后一次施药距采收间隔期（天）
乐果	30
杀螟硫磷	30
辛硫磷	30
氯氰菊酯	30
氰戊菊酯	30
克螨特	40
百菌清	30
异菌脲	20
粉锈宁	10
溴氰菊酯	30

表7-3　葡萄园严格禁止使用的化学农药

种　类		农　药　名　称
杀菌剂	有机砷杀菌剂	甲基胂酸锌、甲基胂酸铁铵、福美甲胂、福美胂
	有机锡杀菌剂	三苯基醋酸锡、三苯基氯化锡
	有机汞杀菌剂	氯化乙基汞（西力生）、醋酸苯汞（赛力散）
	氟制剂	氟化钙、氟化钠、氟乙酸胺、氟铝酸钠、氟硅酸钠、氟乙酸钠
	卤代烷类熏蒸	二溴乙烷、二溴氯丙烷

（续）

种　类		农　药　名　称
杀虫剂	有机磷杀虫剂	甲拌磷、乙拌磷、久效磷、对硫磷、甲基对硫磷、甲胺磷、甲基异柳磷、氧化乐果、磷胺
	氨基甲酸酯杀虫剂	克百威、涕灭威、灭多威
	有机氯杀虫剂	滴滴涕、六六六、林丹、艾氏剂
	无机砷杀虫剂	胂酸钙、胂酸铅
	二甲基甲脒杀虫剂	杀虫脒
	有机氯杀螨剂	三氯杀螨醇
	取代苯类杀虫	五氯硝基苯、五氯苯甲醇
除草剂	二苯醚类除草剂	除草醚、草枯醚

（三）绿色食品生产的农药使用准则

绿色食品生产应从作物—病虫草等整个生态系统出发，综合运用各种防治措施，创造不利于病虫草害滋生和有利于各类天敌繁衍的环境条件，保持农业生态系统的平衡和生物多样化，减少各类病虫草害所造成的损失。

优先采用农业措施，通过选用抗病抗虫品种，非化学药剂种子处理，培育壮苗，加强栽培管理，中耕除草，秋季深翻晒土，清洁田园，轮作倒茬、间作套种等一系列措施起到防治病虫草害的作用。

还应尽量利用灯光、色彩诱杀害虫，机械捕捉害虫，机械和人工除草等措施，防治病虫草害。特殊情况下，必须使用农药时，应遵守以下准则：

1. 生产 AA 级绿色食品的农药使用准则

（1）允许使用经专门机构认定，符合绿色食品生产要求，并正式推荐用于 AA 级和 A 级绿色食品生产的生产资料农药类产品。

（2）在 AA 级绿色食品生产资料农药类不能满足植保工作需要的情况下，允许使用以下农药：①中等毒性以下植物源杀虫剂、杀菌剂、驱避剂和增效剂。如除虫菊素、鱼藤酮、烟草水、大蒜素、苦楝、川楝、印楝、芝麻素等。②释放寄生性捕食性天敌动物，昆虫、捕食螨、蜘蛛及昆虫病原线虫等。③在害虫捕捉器中使用昆虫信息素及植物源引诱剂。④使用矿物油和植物油制剂。⑤使用矿物源农药中的硫制剂、铜制剂。⑥经专门机构核准，允许有限度地使用活体微生物农药，如真菌制剂、细菌制剂、病毒制剂、放线菌、拮抗菌剂、昆虫病原线虫、原虫等。⑦经专门机构核准，允许有限度地使用农用抗生素，如春雷霉素、多抗霉素（多氧霉素）、井冈霉素、农抗 120、中生菌素等，浏阳霉素等。

（3）禁止使用有机合成的化学杀虫剂、杀螨剂、杀菌剂、杀线虫剂、除草剂和植物生长调节剂。

（4）禁止使用生物源、矿物源农药中混配有机合成农药的各种制剂。

（5）严禁使用基因工程品种及制剂。

2. 生产 A 级绿色食品的农药使用准则

（1）允许使用专门机构认定，符合绿色食品生产要求，并正式推荐用于 AA 级和 A 级绿色食品生产的生产资料农药类产品。

（2）在 AA 级和 A 级绿色食品生产资料农药类产品不能满足植保工作需要的情况下，允许使用以下农药：①中等毒性以下的植物源农药、动物源农药和微生物源农药。②在矿物源农药中允许使用硫制剂、铜制剂。③有限度地使用有机合成农药：可选用由人工研制合成，并由有机化学工业生产的商品化的一类农药，包括中等毒和低毒类杀虫杀螨剂、杀菌剂、除草剂；严禁使用剧毒、高毒、高残留或具有三致毒性（致癌、致畸、致突变）的农药（表 7 - 4）；每种有机合成农药（含 A 级绿色食品生产资料农药类的有机合成产品）在一种作物的生长期内只允许使用一次。要保证产品的

农药残留量不超过国家规定的绿色食品标准。

　　（3）严格按照要求控制施药量与安全间隔期。

　　（4）严禁使用高毒高残留农药防治贮藏期病虫害。

　　（5）严格禁止基因工程品种（产品）及制剂的使用。

表 7-4　生产 A 级绿色食品禁止使用的农药

种　类	农药名称	禁用作物	禁用原因
有机氯杀虫剂	滴滴涕、六六六、林丹、甲氧、高残毒 DDT、硫丹	所有作物	高残毒
有机氯杀螨剂	三氯杀螨醇	蔬菜、果树、茶叶	工业品中含有一定数量的滴滴涕
有机磷杀虫剂	甲拌磷、乙拌磷、久效磷、对硫磷、甲基对硫磷、甲胺磷、甲基异柳磷、治暝磷、氧化乐果、磷胺、地虫硫磷、灭克磷（益收宝）、水胺硫磷、氯唑磷、硫线磷、杀扑磷、特丁硫磷、克线丹、苯线磷、甲基硫环磷	所有作物	剧毒高毒
氨基甲酸酯杀虫剂	涕灭威、克百威、灭多威、丁硫克百威、丙硫克百威	所有作物	高毒、剧毒或代谢物高毒
二甲基甲脒类杀虫螨剂	杀虫脒	所有作物	慢性毒性致癌
卤代烷类熏蒸杀虫剂	二溴乙烷、环氧乙烷、二溴氯丙烷、溴甲烷	所有作物	致癌、致畸、高毒
阿维菌素		蔬菜、果树	高毒
克螨特		蔬菜、果树	慢性毒性
有机砷杀菌剂	甲基胂酸锌（稻脚青）、甲基胂酸钙（稻宁）、甲基胂酸铵（田安）、福美甲胂、福美胂	所有作物	高残毒
有机锡杀菌剂	三苯基醋锡（薯瘟锡）、三苯基氯化锡、三苯基羟基锡（毒菌锡）	所有作物	高残留、慢性毒性

（续）

种　类	农药名称	禁用作物	禁用原因
有机汞杀菌剂	氯化乙基汞（西力生）、醋酸苯汞（赛力散）	所有作物	剧毒、高残毒
有机磷杀菌剂	稻瘟净、异稻瘟净	水稻	异臭
取代苯类杀菌剂	五氯硝基苯、稻瘟醇（五氯苯甲醇）	所有作物	致癌、高残留
2,4-D类化合物	除草剂或植物生长调节剂	所有作物	杂质致癌
二苯醚类除草剂	除草醚、草枯醚	所有作物	
植物生长调节剂	有机合成的植物生长调节剂	蔬菜生长期（可土壤处理与芽前处理）	

注：引自《绿色食品　农药使用准则》。

（四）有机食品生产的农药使用准则

有机农业病虫草害防治的基本原则是从作物—病虫草等生态系统出发，综合应用各种农业的、生物的、物理的防治措施，创造不利于病虫草滋生而有利于各类自然天敌繁衍的生态环境，保持农业生态系统的平衡和生物多样化，减少各类病虫草害所造成的损失，逐步提高土地再利用能力，达到持续、稳产、高产、优质的目的。有机农业的病虫草害采取预防为主的策略，使作物在自然生长的条件下，依靠作物自身对外界不良环境的自然抵御能力提高抗病、虫、草的能力，通过改变病虫草的生态需要来调控病虫草的发生，将农作物受病虫草的危害程度降低到最低。

有机农业生产中病虫草防治的基本方法有：

1. 优先采用农业措施，通过合适的能抑制病虫草害发生的耕作栽培技术，如采用抗（耐）病虫品种、平衡施肥、培育壮苗、覆盖、深翻晒土、清洁田园、轮作倒茬、间作套种等一系列措施等控制病虫草害的发生。

2. 创造适宜的环境，保护和利用病虫、杂草的天敌，通过生态技术控制作物病虫草害的发生。

3. 尽量利用灯光、色彩等诱杀害虫，采用机械和人工方式除草以及热消毒、隔离、色素引诱等物理措施，防治病虫草害。

4. 特殊情况下，可采用有机认证机构允许使用的可以用来控制病虫草害的植物源、动物源、微生物源、矿物源农药（见表 7 - 5）。

表 7 - 5　有机作物种植允许使用的植物保护产品物质和措施

物质类别	物质名称、组分要求	使用条件
Ⅰ. 植物和动物来源	印棟树提取物及其制剂	
	天然除虫菊（除虫菊科提取液）	
	苦棟碱（苦木科植物提取液）	
	鱼藤酮类（毛鱼藤）	
	苦参及其制剂	
	植物油及其乳剂	
	植物制剂	
	植物来源的驱避剂（如薄荷、薰衣草）	
	天然诱集和杀线虫剂（如万寿菊、孔雀草）	
	天然酸（如食醋、木醋和竹醋等）	
	蘑菇的提取物	
	牛奶及其奶制品	
	蜂蜡	
	蜂胶	
	明胶	
	卵磷脂	

（续）

物质类别	物质名称、组分要求	使用条件
Ⅱ.矿物来源	铜盐（如硫酸铜、氢氧化铜、氯氧化铜、辛酸铜等）	不得对土壤造成污染
	石灰硫黄（多硫化钙）	
	波尔多液	
	石灰	
	硫黄	
	高锰酸钾	
	碳酸氢钾	
	碳酸氢钠	
	轻矿物油（石蜡油）	
	氯化钙	
	硅藻土	
	黏土（如斑脱土、珍珠岩、蛭石、沸石等）	
	硅酸盐（硅酸钠、石英）	
Ⅲ.微生物来源	真菌及真菌制剂（如白僵菌、轮枝菌）	
	细菌及细菌制剂（如苏云金杆菌，即 Bt）	
	释放寄生、捕食、绝育型的害虫天敌	
	病毒及病毒制剂（如颗粒体病毒等）	
Ⅳ.其他	氢氧化钙	
	二氧化碳	
	乙醇	
	海盐和盐水	
	苏打	
	软皂（钾肥皂）	
	二氧化硫	

（续）

物质类别	物质名称、组分要求	使用条件
Ⅴ．诱捕器、屏障、驱避剂	物理措施（如色彩诱捕器、机械诱捕器等）	
	覆盖物（网）	
	昆虫性外激素	仅用于诱捕器和散发皿内
	四聚乙醛制剂	驱避高等动物

注：引用自《GB/T 19630.1—2005》。

5. 使用表 7 - 5 未列入的物质时，应由认证机构按照下述的评估准则对该物质进行评估。

（1）该物质是防治有害生物或特殊病虫害所必需的，而且除此物质外没有其他生物的、物理的方法或植物育种替代方法和（或）有效管理技术可用于防治这类有害生物或特殊病害。

（2）该物质（活性化合物）源自植物、动物、微生物或矿物，并可经过物理处理、酶处理或微生物处理。

（3）有可靠的试验结果证明该物质的使用应不会导致或产生对环境的不能接受的影响或污染。

（4）如果某物质的天然形态数量不足，可以考虑使用与该自然物质的性质相同的化学合成物质，如化学合成的外激素（性诱剂），但前提是其使用不会直接或间接造成环境或产品污染。

6. 不允许使用人工合成的除草剂、杀菌剂、杀虫剂、植物生长调节剂和其他农药，不允许使用基因工程生物或其产物。

二、葡萄主要病虫害及其防治关键

葡萄在整个生长发育期间，都有可能遭受各种病虫为害，严重时会造成减产减收，造成极大的经济损失。我国地域辽阔，种植葡萄的范围非常广阔，各地气候类型差别各异，适宜栽植的品种类型和易感染的病虫害种类也不同。所以在种植葡萄时，如何根据当地的具体情况和病虫害种类，制定有效的葡萄病虫害防治措施，是栽培成功与否的关键之一。

（一）病虫害防治策略

葡萄病虫害的种类很多，在我国引起灾害比较严重的有 10 多种，其中大多是传染性的真菌病害，一旦发病，治愈很难。所以在葡萄病虫害防治中，一定要贯彻"预防为主、综合防治"的植保方针，最大限度地减少农药污染，生产绿色、无公害食品。"预防为主"就是在发生病虫害之前就采取适当措施，通过农业技术措施和物理方法提高植株本身对病虫的抵抗能力，并搞好预测预报，把病害消灭在未发前或发病的初始阶段。"综合防治"就是从农业生产的全局和农业生态系统的总体观点出发，充分利用自然界抑制病虫害的因素，经济、安全、有效地控制病虫害，从而实现高产、稳产、优质，为使生产的葡萄及园中作业不产生公害，在采取每一项防治措施前，还应综合考虑是否会对产品和所处环境带来不利影响。所以，生产无公害葡萄的病虫害防治，总的基本原则就是尽可能充分地运用农业技术措施和物理方法提高葡萄植株的抗性和阻断或减弱病虫害发生的各个环节，尽量减少农药使用量。

（二）病虫害的主要防治方法

搞好葡萄病虫害的防治，应立足于如何提高树体的抗病能力，如何防止病虫的侵染、传播和蔓延以及如何创造有利于树体生长发育的环境条件等几个方面，最后考虑化学药剂防治。在药剂防治中，也应根据当地的气候和病虫为害特点，集中精力防治主要病虫害，同时注意次要病虫害的发生、发展和变化，作出全面、合理的安排。

1. 加强植物检疫　植物检疫是国家或地方行政机构，利用法

规的形式禁止或限制危险性病虫和杂草等人为地从一个国家或地区传入、传出，或传入以后采取一切措施，以限制其传播扩散。这是预防病虫害的一项非常重要的措施，也是积极有效的。尤其是从国外进口种条或种苗时，检疫是一项必不可少的手续，切不可怀有任何侥幸心理。

2. 选用抗病虫品种　葡萄品种类型很多，抗病虫害的能力差异很大。一般来说，欧亚种的品种比较适宜于较干旱的地区栽培，其抗湿热的能力较差，容易感染在湿热条件下发生、流行的一些病害。而欧美杂交类型的品种，抗病能力较强。各地应根据当地的气候条件特点，选择适宜品种，是防治病虫害经济有效的方法。

3. 利用良好的栽培措施，减少病虫为害　在葡萄的栽培过程中，通过合理的栽培管理方式，可以有目的的创造有利于葡萄生长发育的环境条件，使葡萄生长健壮，提高葡萄植株本身的抗病虫侵染的能力；另一方面，可以创造不利于病虫活动、繁殖和侵染的环境条件，控制病源，减少危害。

（1）培育健壮、无病虫苗木　栽培葡萄最初的病原是带菌的苗木和接穗，病菌随苗木、接穗等扩散、传播，因此，种植的苗木应是健壮无伤害的苗木。这是最基本的环节。

（2）保持果园清洁卫生　生长季节，及时摘除病果、病叶，剪除病虫为害的枝蔓，随时清除杂草；秋季采收后，做好清园工作，将残留在果园中的烂果、枯枝、败叶、杂草以及修剪下来的枝蔓都清理出葡萄园，刮除病皮、翘皮。清除出来的组织和杂物要集中烧毁或深埋。

（3）合理施肥和灌水　合理施肥，多施有机肥，能增强树势，提高树体的抗病能力；合理施肥，避免枝蔓徒长，影响架面通风透光，加重病害发生；微碱性土壤和沙土有利于根癌病的发生，所以在 pH 大（碱性）的土壤施肥时应注意施一些酸性肥料，改良土壤；合理施肥还可以避免发生缺素症。合理的灌水能保持机体的正常生长发育，但灌水不当会引起根系病害和一些生理病害（如裂果病等）；多雨季节要搞好排水，降低土壤湿度；经常疏松土壤，防止土壤板结，使土壤内保持一定的水分，避免土壤内水分变化过大。

（4）加强夏季树上管理　①提高结果部位，架面50厘米以下不留果穗，减少病菌侵染的机会。②合理确定负载量和留梢量，新梢之间距离不得小于10厘米，使架面通风透光良好。③及时摘心、绑蔓，随时清理副梢和卷须；对生长势过旺的品种要注意轻剪长放，削弱营养生长，缓和树势。④对果粒紧密的品种适当调节果实着生密度，实行疏花疏果，防止果粒相互挤压造成伤口引起生理病害和病菌侵染。

4. 物理防治　套袋可以有效地保护果穗不受雨水冲刷，减少病菌侵染和侵染后的传染蔓延，防止裂果、日烧、鸟害等。地面覆盖（覆草、地膜等）可以抑制土壤水分的大量蒸发而引起的早期落叶、缩果病、果实膨大和着色不良、裂果等；防止地面温度过高引起的根生长不良；并且可改善土壤的物理和化学性质。

5. 生物防治　生物防治法是利用对树体无害的生物及其产品防治害虫的方法。通俗地说，就是以虫治虫，以菌治虫，以鸟治虫。能用于生物防治的生物称其为害虫的天敌。天敌主要通过直接捕食害虫或寄生在害虫的身体上来消灭害虫。葡萄虫害较为常见的捕食性天敌有捕食性瓢虫、草蛉、食虫蝽象、捕食性螨、螳螂、食蚜蝇、蜘蛛、鸟类等；寄生性天敌有寄生蜂、寄生蝇、寄生菌等。目前，葡萄害虫的生物防治工作主要有以下三个方面，即利用自然界的天敌来消灭害虫；释放人工饲养天敌消灭害虫；使用菌制剂消灭害虫。目前以第一种方法为主。

6. 化学防治　化学防治主要是在生长季利用化学药剂防治病虫害的方法，也是生产上常用的方法，这种方法简单、有效，但对植物（果实）不可避免地造成污染。在利用化学药剂进行病虫害防治时，要注意合理地施用农药，减少污染，也可以降低成本。

（1）严格按照无公害、绿色或有机生产中的使用准则使用农药。

（2）根据病虫害发生的种类确定使用的农药。

（3）根据病虫害发生规律确定施药的适宜时间：干旱季节一般不会有病害的大量侵染和流行，应减少喷药，只用保护性药剂如波尔多液适当保护即可；在雨水来临前和病害发生的初期及时喷药，可减少病害的再侵染；对于一些生理病害，可以通过物理防治或农业综合措施加以预防和改善；病毒病害则在目前还很难通过喷药加以防治。

（4）农药混用或交替使用：在常规生产中，在生长季节有多种病虫害并发的可能时，为扩大防治范围、提高药效，可以将两种以上的农药混合使用或交替使用。如瑞毒霉＋代森锰锌或乙膦铝＋多菌灵，瑞毒霉和乙膦铝对霜霉病有特效，而代森锰锌和多菌灵可以预防其他多种真菌病害；在使用杀菌剂时同时添加杀虫剂，既可防病，又可治虫，可大大提高工效；在发病前用波尔多液和杀菌剂交替使用，可以对植物起保护作用，减少病菌对农药产生抗性的可能，还可以降低成本（波尔多液便宜）。但在混合使用农药时，一定要注意农药的理化性质和防治对象综合考虑，尤其是使用波尔多液与其他药剂混用时，一定要慎重。具体可参考农药使用手册。

（三）主要病虫害及其防治方法

无论是无公害还是绿色、或有机葡萄生产，都必须了解葡萄主要病虫害的发生规律、识别方法和关键防治时期，在每一年的关键发病时期采取必要措施进行预防，最大限度降低病虫为害程度，减少农药使用。本节介绍的病虫害防治方法中的农药使用仅适合于无公害栽培葡萄生产，绿色葡萄生产和有机葡萄生产必须严格执行农药使用规范，在病虫害发生和防治的关键时期使用相应的植物保护物质控制病虫害的发生。

1. 真菌病害　真菌病害是受真菌侵染引起的病害，常造成葡萄减产、品质变劣，甚至造成植株落叶、枝蔓死亡等。这种病害传染性很强，一旦发病，很难治愈，所以在整个葡萄生长季节，要密切注意天气变化和病害发生动态，及时预防。

（1）葡萄黑痘病　又称疮痂病。

【为害症状】是葡萄果实病害中发生最早的一种病害。主要侵染绿色果实、叶片、叶柄、新梢和果梗等幼嫩组织。幼果受侵染后，最初在果面发生近圆形褐色小斑，逐渐扩大成中央凹陷灰白色、边缘带深褐色，看似"鸟眼"。后期病斑硬化龟裂，病果不再长大，味酸，不能食用。叶柄、嫩梢受害，病斑呈暗褐色、圆形或不规则形凹陷，后期病斑中央稍淡，边缘深褐色，严重时病斑连成大斑，病梢枯死。病叶逐渐干枯穿孔，叶脉感病部分停止生长，造成幼叶皱缩畸形。

【发生规律】葡萄黑痘病菌喜高温多湿气候，春季萌芽展叶后，雨水多时即可发生。该病发生的适宜温度为 24～30℃，超过 30℃后，发病受到抑制，因此，多发生在夏初和秋天。果园地势低洼、排水不良、管理粗放、通风透光不好以及施氮肥过多，都会使发病加重。

防治措施　黑痘病的防治重点要抓一个"早"字。①春季发芽前使用铜制剂（如波尔多液、必备等）杀灭、铲除越冬病菌。花前和花后即 2～3 叶期和花序分离期是防治的两个关键时期。②药剂。铜制剂是防治黑痘病的特效药剂（波尔多液、必备等），代森锰锌类药剂（喷克、喷富露、新万生等）、科博等，也是优秀的、保护性杀菌剂。内吸性药剂有多菌灵、甲基硫菌灵、霉能灵、稳歼菌等。

（2）葡萄白腐病　白腐病是葡萄病害中为害最大、造成损失最重的一种病害。

【为害症状】主要为害果穗，俗称"穗烂病"，新梢和叶片也可感病。通常植株基部离地面较近的果穗最先感病，首先在小穗轴或果梗上出现浅褐色的水渍状不规则病斑，逐渐向果粒蔓延。果粒基部成淡褐色并软腐，直至全部变褐腐烂。此时果面密生灰白色小粒点，即为病原菌的分生孢子器。最后果穗甚至全部果粒因失水干枯皱缩，变成深褐色的僵果。果实前期发病（上浆前），病果易失水干枯，黑褐色的僵果往往悬挂于枝条上不易脱落。这时易与房枯病相混淆。果实上浆后感病，病果不易干枯，很容易脱落。枝蔓发病，大多发生于植株下部的萌蘖枝、受过伤害的枝蔓或新梢摘心处、果实采收后的果柄着生处。初发病时，病斑呈淡黄色、水渍状，手触时有黏滑感，随后表皮变褐、纵裂、韧皮部与木质部分离成麻丝状。有时病斑上下两端产生愈伤组织而形成瘤状突起，上部叶片变红似秋叶，很显眼，会造成早期落叶、枝梢不能成熟或枯死，对树势和第二年的生长发育影响极大。病果、病蔓都有一种特殊的霉烂味，这是该病的最大特点之一。叶片受害后叶缘出现近圆形或不规则形水渍状大块斑，逐渐扩展，出现深浅不一的同心轮纹，干枯后破裂。天气潮湿时，也能形成灰白色小点（分生孢子器），以叶脉两侧为多。

【发生规律】白腐病在初果期就可以发生，但进入着色成熟期后，感病性大大增加，故越近成熟期发病越重。一般情况下，6月中下旬开始发病，果实着色期后进入发病高峰。夏季高温多雨、尤其是阴雨连绵时易造成病害流行。

防治措施 ①在果园清园的基础上，剥除老树皮；发芽前，枝蔓上喷50％福美双可湿性粉剂600倍液，减少越冬菌源。②选择高架式，比如棚架；如果是篱架等架式，果穗的高度（果穗距离地面）应在1.2米以上。③花后7～20天，是防治白腐病的关键期，应配合使用药剂。④优秀的保护性杀菌剂有科博、代森锰锌类（喷克、喷富露、大生等）、福镁类药剂。优秀内吸性药剂有氟硅唑（稳歼菌、福星）、苯醚甲环唑、戴唑霉等，有效内吸性药剂有多菌灵、甲基硫菌灵等。

（3）葡萄霜霉病

【为害症状】葡萄霜霉病主要感染葡萄的幼嫩部分，新梢顶端的幼叶最先发病。受害叶片开始呈现油渍状的淡褐色病斑，然后叶正面病斑逐渐增大并失绿变成黄褐色，在叶背面形成一层灰白色霜层，很容易识别。霜霉病在北京地区多在雨季发病，尤其是雨后高湿持续时间长，或叶片背部结露时间长时极易大爆发。新梢、卷须、穗轴、叶柄和幼果等均会受侵染，形成黄褐色凹陷斑，上面有白色霜层。

【发生规律】霜霉病的菌源一般都藏在病叶等葡萄的病残组织中越冬，春天当平均气温达到13℃左右时，如遇下雨，即可随雨水传播，由枝叶表面的气孔、水孔侵入到组织中，经过7～12天的潜育期后，又可以形成再次侵染，其侵染和生长的最适宜温度为22～25℃。一般当气温达到35℃以上时，该病的发生会受到抑制。

防治措施 ①清除田间病叶，集中深埋或处理，是防治霜霉病的基础。②叶片、新梢、果穗上有水（比如雨水、雾水、露水），是霜霉病发生的条件。雨前采取预防措施、雨后及时规范使用药剂，是防治霜霉病的最为重要的措施。③防治霜霉病的优秀保护性杀菌剂有：科博、铜制剂（波尔多液、必备等）、代森锰锌类（喷克、喷富露、汉生等）；内吸性杀菌剂有：烯酰吗啉（科克、安克等）、霜霉威、甲霜灵、霜脲氰、乙膦铝。发现霜霉病，应立即使用防治霜霉病的内吸性杀菌剂；霜霉病比较普遍时，应（根据天气状况）连续使用2～4次内吸性杀菌剂，混合或配合使用保护性杀菌剂；内吸性杀菌剂必须轮换使用。

（4）葡萄灰霉病

【为害症状】主要为害花序和果实。春季花序感病后，初呈淡褐色水渍状，后变暗褐色软腐，最后萎缩、干枯、脱落。谢花后，病菌常在枯萎的帽状体、雄蕊和发育不全的果粒等部位发生，再进一步侵染果梗和穗轴，形成褐色的小型病斑。病果初生凹陷小斑，后扩大蔓延全果腐烂，先在果皮裂缝处产生灰色孢子堆，后蔓延到整个果面，使整个果穗产生绒毛状鼠灰色霉层。如果在果实成熟期感病，且随后空气干燥，病菌潜伏在果实内，果面不产

生霉层，并使果实外皮变薄，果实失水皱缩、不腐烂且糖分增高。这种现象成为"贵腐"现象。新梢、叶片感病后产生不规则褐色病斑，在叶片上有时带不规则轮纹，病部产生灰白色霉层。稍加震动，病菌呈烟雾状飞散。该病是保护地栽培中常见的一种病害，还可侵染茄子、番茄、辣椒、黄瓜等。

该病以分生孢子和菌核在土壤中越冬，以菌丝体在树皮和冬芽中越冬。其孢子在 $1\sim30℃$ 内均可萌发，最适温度是 $18℃$。但只有当湿度超过94%、清晨植株上有水滴时，葡萄灰霉病才会发生。当早春低温连阴，保护地设施内通风透气不好时，很易流行灰霉病。管理不善时，几天内会使所有果穗感病。

防治措施　①加强栽培管理，防止架面郁闭。②在发病期间，及时剪除病花穗、病果粒，防止病菌孢子飞散传播。③加强花果管理，开花前喷保护药剂 $1\sim2$ 次；套袋前注意清除开花后留下的残体，并喷药保护果穗。④防治灰霉病的保护性药剂有：福美双、科博、扑海因等；内吸性杀菌剂有多菌灵、甲基硫菌灵、嘧霉胺、戴唑霉等。

（5）葡萄炭疽病　又叫晚腐病。

【为害症状】主要为害果实。幼果期，在果面生出针头大小圆形、蝇粪状的黑色斑点，但不发展，病部仅限于表皮。当果实着色后，病果上显示浅褐色稍凹陷的病斑，表面逐渐长出轮纹状的小黑点，这是病菌的分生孢子盘，空气潮湿时，小粒点上生出粉红色黏液。最后病果软腐或慢慢干缩成僵果，易脱落。该病菌也可侵害穗轴，造成整穗干枯或脱落。侵染新梢和叶片时，一般不表现症状。

【发生规律】该病发生的最适宜温度是 $25\sim28℃$，超过 $32℃$ 不利于孢子的产生和侵染，多雨、高湿，$25\sim30℃$，病害易流行。植株下部，黏重土壤，密度大、透气差，田间湿度大、地势低洼，则发病重。

154

防治措施 ①防治炭疽病的关键期是开花前后，对于炭疽病发生比较严重的地区或地块，还要注意葡萄转色期的防治。②有效的保护性药剂有科博、扑海因等；内吸性杀菌剂有多菌灵、甲基硫菌灵、嘧霉胺、戴唑霉等。

（6）葡萄蔓割病　又名蔓枯病、蔓裂病。

【为害症状】主要侵染当年生的新梢，特别是基部的萌蘖枝易感此病。病菌侵染新梢后，菌丝体潜伏在新梢的皮层内，当年不表现症状。第二年春天葡萄萌芽后，感病的枝蔓发芽晚或不发芽，病部表皮粗糙、翘起，皮层往往变为黑褐色，上面产生黑色分生孢子器。病菌也能从伤口侵染多年生枝蔓，侵入后，初呈红褐色稍凹陷病斑，扩大后呈梭形，病部组织腐烂变成褐色病斑上产生黑色分生孢子器。潮湿时分生孢子器上流出白色或黄色黏胶状物。秋季枝蔓表皮纵裂成丝状，并腐朽至木质部。经1～2年，病蔓出现矮化或黄化现象，严重时全蔓枯死。

北方寒冷地区冬季埋土防寒时若扭伤枝蔓，或有虫伤、机械伤、冻伤等伤害时，很容易被该病菌侵染。病菌侵入后，如果植株生长健壮，抗病能力强，则病菌呈潜伏状态，一般潜伏期为1个月以上。待寄主生活力减弱，抗病力下降时，则会发病。地势低洼、土壤黏重、排水不良、土壤瘠薄、肥力不足的果园，管理粗放、伤害多的果园或植株，发病重；多雨、潮湿的天气有利于发病。

防治措施 ①生长季及时剪除病枝。②秋季或早春刮病部，然后涂5波美度石硫合剂。③注意果园肥水管理，作业时不伤枝蔓。④5～6月可喷200倍半量式波尔多液保护。

（7）葡萄白粉病　白粉病在我国葡萄栽培产区发生很普遍，尤其是黄河以北的山东、河北和陕西的一些地区受害较重。

【为害症状】可为害葡萄的叶片、果实和枝蔓，幼嫩组织容

易感染。各部位感染后共同的特征是：感病部位产生一层白色至灰白色的粉质霉层，粉斑下面有黑褐色网状花纹。叶片感病，叶色褪绿或呈灰白斑块，上面覆盖白粉，叶面不平，病斑轮廓不整齐，且大小不一致，严重时整个叶片被白粉覆满，逐渐萎缩、枯萎、脱落。果实受害，开始在果实表面出现褪绿色斑，接着出现黑色星芒状花纹，上面覆一层白粉，果实停止生长，有时变成畸形。在多雨时感病，病果易纵向开裂、果肉外露，极易腐烂。新梢感病后，表皮出现很多褐色网状花纹，上面覆盖白粉，有时枝蔓不易成熟。果梗和穗轴受害，质地变脆，极易折断。

【发生规律】该病菌分生孢子在 4～7℃即可以萌发，但最适萌发温度为 25～28℃，最高温度为 35℃。干旱的夏季、或闷热多云的天气都有利于葡萄白粉病的发生。一般 7 月上旬开始发病，7 月下旬至 8 月为盛期。栽植过密、氮肥过多，通风透光不良，都有利于该病的发生。

> **防治措施**　①白粉病主要在病芽、病枝条、芽鳞中越冬，葡萄发芽开始活动。所以，防治白粉病要抓一个"早"字。在发芽前使用石硫合剂；2～3 叶期结合摘除病梢采取防治措施；在开花前后，使用能兼治白粉病的药剂，能根本控制白粉病。在秋季，根据田间具体情况和气候，确定是否采取补救性防治措施。②干旱无雨或空气湿度大，是白粉病大发生的条件。所以，干旱年份、一般年份的春季和秋季是白粉病的重要为害时期，应有监测和预报措施。③防治白粉病的有效杀菌剂有硫制剂（石硫合剂、硫胶悬剂等）、多菌灵、甲基硫菌灵、稳歼菌、苯醚甲环唑、烯唑醇等。

2. 细菌病害　由细菌侵染引起的病害。在葡萄上为害最大的是根癌病。

【为害症状】葡萄根癌病多发生在表土以下的根颈部，有时也发生在主根和侧根的交界处，一般不发生在茎蔓上。但在北方，有时肿瘤可长在 2 年以上的茎蔓上，远远高于土表，这是由于冬季埋土造成的。初期在病部形成愈伤组织状肿瘤，以后瘤子逐渐增大，表面粗糙，最后龟裂，部分脱落，阴雨季腐烂发臭。植株树势衰弱，影响产量和品质，秋天叶片发红，提前脱落，严重时会导致整株死亡。在微碱性的土壤上容易发病。该病菌也能侵害苹果、桃、板栗、番茄、烟草、向日葵等 93 个科、331 个属的 643 种植物，是一种世界性病害，我国各葡萄产区均有发生。华北病株率达 30%～50%，严重的果园，病株率可达 100%。

【发生规律】根癌细菌在病残体上可存活 2～3 年，而根癌细菌单独在土壤中只能存活一年的时间。主要通过雨水和灌溉水传播，也可以通过昆虫、修剪工具和带菌的土壤传播。最初的病原是带菌的苗木和接穗。一切伤口都可以造成侵染。病害从 5 月上中旬发生，6～7 月上旬癌瘤生长迅速，7 月下旬以后，癌瘤逐渐腐烂、干枯，并从枝蔓上脱落，病菌被雨水冲入土壤中。根癌细菌喜欢生活在碱性土壤中，华北葡萄种植区土壤 pH 一般为 7～8，偏碱性，因此病害重。低洼、湿润、较黏重的土壤也有利于发病。田间温度 18～26℃，降雨多、湿度大，病害发展快，病情也严重。

防治措施 ①加强苗木管理，防止引入带病苗木。发病地区栽苗时可用 2% 石灰水或 5 波美度石硫合剂浸泡 1 分钟进行苗木消毒，并细心防止带上病土。②加强田间管理，多施有机肥，增施磷钾肥，改良土壤酸碱性，增强树势，避免伤口。③防止冻害，防治好地下害虫。④大树感病后用刀子刮除病瘤，当初发肿瘤长到黄豆粒大小时，马上刮除。肿瘤越大，防治的效果越差。刮下的病体收集好后带出果园烧毁，伤口涂上 5～10 波美度石硫合剂或 20% 石灰乳或 1：2：50 的波尔多液加以保护。处理完后用 100 倍硫酸铜液浇灌根部周围土壤，杀死土壤中的细菌。

3. 生理病害 由于栽培环境不良或技术措施不当引起的葡萄病理性反应为生理病害。

（1）日灼病　　主要发生在果穗上。果实向阳面受烈日暴晒后，在表面形成水烫状或凹陷的干疤，造成外观不美、品质下降。受害部位容易遭受炭疽病的为害。篱架比棚架发病重；幼果膨大至上浆前天气干旱时发病重，果实着色后此病即减少；摘心重，副梢叶面积小时发病重；叶片小，副梢少的品种发病重；施氮肥过多时，发病重；连续阴雨天后突然暴晒，发病重。欧亚种的一些薄皮品种如瓶儿葡萄、玛丽欧、亚历山大等易发此病。防止或减轻日灼病的主要方法有①适当多留副梢叶片遮挡果穗；②行间自然生草或套种绿肥等以降低雨后暴晒程度和田间温度。栽培上注意合理施肥，及时排水中耕。

（2）水罐子病　　又称"葡萄转色病"。在葡萄果实开始成熟期后，有色品种表现着色不良，色泽暗淡；白色品种呈水泡状。果实味酸，含水量大，极易掉粒，果皮与果实也极易分离，成一包酸水，故称"水罐"。水罐子病多因负载量过大、营养不良、树势衰弱或钾肥不足等所引起。地下水位高或果实成熟期遇雨，田间湿度大，温度高，影响养分的转化，此病发生也较重。所以应加强肥水管理，增施有机肥、合理搭配氮、磷、钾肥；合理控制负载量，增加叶/果比；及时防旱排涝、加强树体管理。

（3）裂果病　　一些欧亚种薄皮脆肉型品种如乍娜等，于成熟期多雨时在果面出现纵裂或在果蒂部发生月牙形环裂，引起霉菌感染而腐烂，影响果实的商品性。该病多发生在果实生长发育的后期（近成熟期）。其发生原因一般认为是由于土壤旱湿不均匀引起的。若前期土壤过分干旱，果皮形成的机械组织伸缩性较小，果实进入着色期以后，细胞内含糖量增高，渗透压增大，此时，如突然降雨，或土壤大量灌水，根部从土壤大量吸水，果实内膨压增大，便会发生裂果。果粒着生过于紧密的品种，果粒之间相互挤压也会引起裂果。所以对裂果严重的品种可在着色期后少量多次灌水，或地面覆盖、或套袋或避雨栽培，以隔断雨水。此外，注意疏果，不使果粒着生过于紧密。发生裂果后，要及时摘除病穗和烂果，然后喷一次硫黄粉，以杀死其他寄生于烂果上的病菌，同时防止其他病菌侵染。

（4）缺素症　葡萄的生长发育，需要多种营养元素。因土壤条件不良或施肥不均衡引起的营养元素缺乏症称为葡萄缺素症。

A. 缺铁症　缺铁会影响叶绿素的合成，从而引起失绿。由于铁在植物体内的移动性差，所以一般在新抽生新梢叶片上首先发生黄化，严重时呈白色，最后变成干焦状。

除土壤缺铁外，黏重、排水不良或含碱性的土壤，早春气温低、土温回升缓慢时都有可能影响根系对铁的吸收；土壤中钙质或锰多时，铁转化成不溶性的化合物也不能被植物吸收，这时即使土壤中有足够的铁也会出现缺铁症。

出现缺铁症时，叶面喷有机铁，如黄腐酸铁、柠檬铁等（商品名"益铁灵""速效铁"等）。也可以喷0.5％的硫酸亚铁加0.15％的柠檬酸，酌情隔10～15天后再喷一次，可缓解。严重时可于冬剪后用25％硫酸亚铁＋25％柠檬酸混合液涂刷枝蔓。

土壤缺铁症很难治愈，除注意有效铁的应用外，应注意土壤的改良，使土壤中的铁处于活化状态，利于植株根系吸收。

B. 缺钾症　葡萄是喜钾植物，其对钾的需求量相当于对氮的需求量。我国大部分地区土壤都缺钾，如施肥不当，很容易发生缺钾症。

葡萄多在果实膨大期的中后期，首先在新梢基部老叶的叶缘或近叶缘部分的叶脉间失绿，并逐渐向叶片中央推进，严重时发生叶缘干枯、烧焦等症状。果粒变小、着色不良，枝梢充实不良，抗寒性降低。

黏重土壤、含镁和氮过高的土壤、植株结果过多以及清耕栽培时都容易发生缺钾。轻度缺钾时，可叶面喷2％草木灰浸出液或硫酸钾。常年应从果实着色期前后开始土壤追施速效钾肥，用量为每株80～100克，或配成液体向根际浇施（少量多次）。此外，施硼和锰也有利于钾的吸收。

C. 缺锌症　缺锌影响葡萄坐果和果粒的正常生长，使果粒大小粒严重，"豆粒"果多。新梢上的老叶出现斑驳，新梢和副梢轮

生状，叶缘无锯齿或少锯齿，叶柄洼浅。

葡萄植株需锌量每公顷只有 555 克，但由于土壤能固定锌，不能被植株吸收，所以土壤施锌不能缓解缺锌。可于花前 2～3 周喷碱性硫酸锌（100 千克水＋480 克硫酸锌＋360 克生石灰，调匀后喷雾）。或于冬剪后用硫酸锌涂抹结果母枝（1 千克水＋117 克硫酸锌）。

D. 缺硼症　嫩叶最先发病，由油渍状斑点逐渐连续成叶脉间失绿，且变小、畸形；新梢变细，节间变短，开花时花冠不脱落，雄蕊发育不良，落花落果严重，或形成大量无核小果；果粒膨大不良，果肉内部的分裂组织枯死变褐，引起裂果，种子露出。

贫瘠土壤、酸性土壤、土壤干旱或根受根瘤蚜、线虫等寄生时容易发生缺硼。可于花前 2～3 周叶面喷 0.2%～0.3%的硼砂 2～3 次或于生长季土壤施硼（每株 30 克）。同时注意多施有机质，改良并肥沃土壤。

4. 病毒病害　病毒病也是影响葡萄的产量和品质的一类重要的病害。目前全世界已发现葡萄病毒病有 30 多种。最普遍最严重的有以下两种。

（1）葡萄扇叶病　由扇叶病毒侵染引起，又叫传染性退化病。此病分布非常广泛，几乎全世界的葡萄栽培产区都有发生。其危害相当严重，可减产 30%～50%。病株生长发育不良，比健壮植株生长矮小，落花落果严重，果穗小，产量下降，品质变劣。在土壤瘠薄、土温高和天气炎热的不利条件下，可造成植株死亡。新梢节间缩短或长短不一，出现双芽、卷须枝；叶片表现为扇叶（鸡爪状），主脉两侧不对称，叶基部张开几乎呈直线，主脉聚近，叶缘锯齿尖而长。在不同品种上，有时表现黄化花叶病或黄脉症症状。

扇叶病毒主要通过带毒的繁殖材料如插条、砧木及修剪工具传染；线虫可在同一葡萄园或在邻近的葡萄园之间传播；带毒植株被挖掉后，病毒仍可存留于残留于土壤内的活根中，以此传播病毒。葡萄实生苗不带此病毒。

（2）葡萄卷叶病　感病叶片边缘向背面卷曲，有色品种在基部叶片的叶脉间先出现淡红色斑点，夏季斑点扩大、愈合，致使脉间变成淡红色，到秋季，除主脉保持绿色外，其他部分变红，呈紫红色卷叶，病果着色不良。白色品种叶片在叶脉间或边缘的颜色变浅，呈铬黄色，病穗变为黄白色。也有不卷叶的如无核白为焦灼叶。果穗变小，着色不良，成熟期延迟，果实含糖量明显下降。

有报道葡萄卷叶病的传播与三种粉蚧有关，它们可以带毒并传毒，远距离传播仍是通过繁殖材料，尤其是美洲砧木，是不表现症状的带毒者。

（3）病毒病的防治措施　常规农药不能杀死病毒。防止病毒病首先要加强苗木检疫，栽种无病毒苗，一旦发病应立即拔掉烧毁，并延长轮作时间。新栽植区与病区应隔离 50～100 米，以防土壤（线虫）和蚜虫等传播病毒。在田间操作（如修剪、嫁接）时，注意工具（剪刀、嫁接刀等）的消毒，以减少汁液传染。当在田间发现了症状类似病毒病的植株后，应立即请有关单位进行鉴定，确认为是病毒病后，应立即采取措施（拔掉烧毁）。

5. 主要害虫

（1）葡萄二星叶蝉　又名斑叶蝉、二点浮尘子等。

【为害症状】成虫、若虫聚集在葡萄叶背刺吸汁液。叶片先出现小白斑，严重时全叶苍白，早期落叶，有时形成黑色霉层，影响产量和品质。

【发生规律】每年发生 2～3 代，成虫在葡萄园附近的石缝或杂草中越冬，次年早春先为害桃、梨等，葡萄展叶后部分转移为害葡萄，在葡萄叶背的叶脉内或叶片绒毛中产卵，5 月下旬至 6 月中旬孵化为若虫，6 月上旬至下旬羽化为成虫，8 月出现第二代成虫，9～10 月为第三代。通风不良、枝叶过繁及杂草多的葡萄园多发。

防治措施　①生长季节枝叶管理要及时，注意通风透光，尤其在设施内更要注意通透性，秋季彻底清园。②在 5 月下旬至 6 月中旬若虫期喷 40% 乐果 1 000 倍液或 80% 敌敌畏 1 500 倍液；50% 杀螟松 1 000 倍液等，均有良好效果。

（2）葡萄透翅蛾

【为害症状】蛀入枝蔓内可达髓部，使新梢枯萎。蛀口外常有虫粪，附近叶片变黄，果实脱落，被害部位肿大，容易折断。新梢内有孔道，剥开可见幼虫。

【发生规律】每年6月上旬开始化蛹，6月上旬至7月下旬羽化。成虫在嫩梢腋芽处产卵，10天左右以后孵化，幼虫从嫩梢叶柄基部蛀入为害枝梢，9～10月老熟越冬。

防治措施　①冬剪时剪掉被害枝。②6～7月成虫产卵期注意巡视，及时剪掉被害枝，或用铁丝从蛀口处刺入枝内杀死幼虫。粗蔓被害时，可用小刀将蛀口削开，堵入杀虫药棉，并用黏土封死蛀口以杀死枝内幼虫。③成虫产卵期和卵孵化期（6月）喷敌敌畏或杀螟松。

（3）葡萄粉蚧

【为害症状】第一代若虫为害地面细根，在被害处形成大小不等的小瘤状突起，向上迁移后，为害果粒使其变畸形，果蒂膨大，果梗、穗轴表面粗糙不平，并分泌黏液，易招蚂蚁和黑色霉菌，污染果穗，影响果实品质和外观。严重时树势衰弱，大量减产。

【发生规律】一年3代。越冬卵包在棉状的卵囊内，次年4月上旬孵化，为害近地面的细根和萌蘗枝的地下幼嫩部分，以后向上迁移，为害结果母枝以至新梢，5月上旬至6月初成虫产卵，6月中下旬孵化为第二代，为害叶腋、芽及果穗，并分泌白色蜡粉和透明黏液。7月底8月初发生第三代若虫，向下迁移到根颈及根蔓翘皮下，10月上旬产卵越冬。

防治措施　①春季刮翘皮，消灭越冬卵和若虫。②生长季为害时期喷乐果或敌敌畏。这两种方法对其他介壳虫也有效。

（4）葡萄短须螨（红蜘蛛）

【为害症状】以成、若螨刺吸叶、嫩梢和果穗汁液。叶上出现黑褐色斑块，严重时全叶枯焦，嫩茎、卷须、穗轴和果柄等处呈黑褐色不平的坏死斑，俗称"铁丝蔓"，质脆易断，果粒被害后表面呈铁锈色，皮粗糙易裂，后期被害影响着色，糖分降低。该螨在河北、山东、湖南等地葡萄老产区均普遍发生严重。

【发生规律】以雌成螨在葡萄老蔓裂皮缝、叶腋及松散的芽鳞绒毛内越冬。次年4月中下旬葡萄发芽时雌成螨出蛰，先在靠近主蔓的嫩芽和嫩梢基部为害，半月左右开始产卵，散产于叶背和叶柄等处，每雌成螨可产卵21～30粒。随着新梢的生长螨群不断向上部蔓延，至7、8月是发生盛期，各虫态同时存在，10月下旬出现越冬雌虫并逐渐转移到叶柄基部的和叶腋间，至11月中旬潜伏越冬。

防治措施 ①冬季清扫果园，早春刮去老蔓翘皮烧毁。②早春葡萄萌芽初期喷5波美度石硫合剂，杀灭出蛰雌螨。③6月虫量多时可喷1次杀螨剂，防止7、8月繁殖盛期猖獗成灾。

（5）金龟子

【为害症状】为害葡萄的金龟子有很多种，其成虫可取食葡萄的芽、叶、嫩茎、花和果实，常成群飞入果园，造成芽、叶光秃和果实腐烂，其幼虫统称为"蛴螬"，取食地下部的根，果苗和幼树根部被害可致整株枯死。一般滩地和山地果园因周围树木和杂草多，适合其滋生繁殖，因而受害重。

【发生规律】以成虫或幼虫在土中越冬，其深度40～60厘米，以成虫越冬者早春出土，对葡萄的芽、花造成严重为害，幼虫越冬者成虫发生于6～9月，取食叶片，幼虫在春秋两季为害。成虫白天或夜间取食，夜间活动者趋光性强，多数种类有假死性，尤其气温低时明显，雌虫分泌的性激素对雄虫有强的引诱作

用，食果的种类对酸甜味有较强趋性。幼虫在土中常随四季土温的变化作垂直迁移，一般春、秋季在表土层为害，冬季潜伏入深土层越冬。

> **防治措施**　金龟子类害虫（主要是大花金龟和小花金龟），在葡萄园外迁移至葡萄园为害，要做到园内园外同时开展防治，并要做好虫情测报工作。农业防治角度做好深翻改土，消灭蛴螬等地下害虫；不施未经腐熟的有机肥；行间不要种禾谷类和块根、块茎类等受害重的作物。
>
> 　主要在花期和果实成熟期为害。①数量比较少时，可以采取人工捕杀、黑光灯或糖醋液诱杀等措施。②在花期，可以使用对花安全的杀虫剂，比如 10％ 歼灭 3 000～5 000倍液、2.5％功夫菊酯 1 500～2 500 倍液、80％敌百虫 1 000 倍液、50％辛硫磷 1 000 倍液等药剂。③在果实成熟期，应使用诱杀（糖醋、灯光）、熏蒸（比如 80％敌敌畏 200 倍，喷在草末或谷糠上，在中午使用于地面）。对于套袋果实，可以使用没有内吸性、有驱避作用、毒性比较低的杀虫剂，比如 10％ 歼灭 2 000～3 000倍液。

（6）远东盔蚧（别名东方盔蚧）

【发生规律】一年发生 1～3 代，以 2～3 龄若虫在葡萄枝干裂缝、老皮下或枝条上越冬。翌年 4 月活动，爬至 1～2 年生枝条上或叶上为害。5～6 月产卵于体下。6 月中下旬孵化，初孵若虫在母体下静伏 2～3 天，然后从殿裂处爬出，到叶片背面、嫩枝、叶柄上固定为害，当若虫体长达 2 毫米时又爬到树干上为害，直到越冬。在北方此虫为孤雌生殖，卵在高温低湿条件下孵化率低，若虫也爬不出母体介壳而干死。1 龄若虫经 7～10 天进入 2 龄，2 龄若虫历期长达 60 天。

防治措施 ①防治远东盔蚧的时期是发芽前后、开花前后、第二代的转移为害期。②在发芽前使用5波美度的石硫合剂、发芽后（2～3叶期）使用机油（矿物油）乳剂400倍液、开花前后与防治病害结合使用药剂（杀灭第一代幼虫），比如10％歼灭2 000倍液、2.5％功夫菊酯1 000倍液等。根据田间发生情况和预测预报，在第二代幼虫的转移为害期，使用药剂。

（7）绿盲蝽象

【为害症状】成、若虫刺吸葡萄汁液，嫩梢被害后生长点枯死，嫩叶初显褐色小点，后破裂成不规则孔洞；果粒被害初期布满小黑点，后期成疮痂状，重者果开裂。寄主还有苹果、梨、桃、杏、桑及棉和多种蔬菜。

【发生规律】每年3～5代，以卵在葡萄、桑枝条剪锯口组织内、裂缝和苹果、梨、桃等顶芽鳞片中以及艾蒿、苜蓿残茬内越冬。萌芽时卵落于地面，若虫先为害杂草，果树发芽后上树为害，1、2代为害越冬寄主，6月以后转入棉和蔬菜上为害。

防治措施 ①绿盲蝽只在开花前为害葡萄，早防治是关键。有绿盲蝽为害的葡萄园，在2～3叶期应采取措施，之后根据田间情况，确定是否使用药剂。②10％歼灭乳油2 000～3 000倍液是防治绿盲蝽的优秀药剂。其他药剂有：4.5％高效氯氰菊酯1 000倍液等。

（8）葡萄瘿螨（毛毡病）

【发生规律及为害症状】葡萄瘿螨以成虫在芽鳞或被害叶内越冬。第二年春天随着芽的开放，瘿螨由芽内爬出，随即钻入叶背毛底下吸收汁液，刺激叶片，绒毛增多，并不断繁殖为害，被害叶片起初于叶背发生苍白色斑点，但幼嫩叶片被害部呈茶褐色，不久被害部向叶面鼓出，叶背生灰白色绒毛。以6～7月为害最重。

> **防治措施** ①在清园的基础上，剥除老树皮。②春季萌芽前，使用3～5波美度石硫合剂（或其他硫制剂、或机油乳剂），杀死潜伏在芽鳞内的越冬瘿螨；在葡萄生长期，可以使用杀螨剂，如10％浏阳霉素乳油1 000倍液、25％三唑锡WP 1 500倍液、50％四螨嗪1 600～2 000倍液。

三、葡萄园常用农药

（一）生物源农药

1. 多杀霉素　多杀霉素又名多杀菌素，是在刺糖多胞菌发酵液中提取的一种大环内酯类无公害高效生物杀虫剂，其他名称：菜喜，催杀。

多杀霉素的作用方式新颖，可以持续激活靶标昆虫乙酰胆碱烟碱型受体，但是其结合位点不同于烟碱和吡虫啉。可使害虫迅速麻痹、瘫痪，最后导致死亡。其杀虫速度可与化学农药相媲美。安全性高，且与目前常用杀虫剂无交互抗性，为低毒、高效、低残留的生物杀虫剂，既有高效的杀虫性能，又有对益虫和哺乳动物安全的特性。是一种低毒、高效、广谱的杀虫剂。

对害虫具有快速的触杀和胃毒作用，对叶片有较强的渗透作用，可杀死表皮下的害虫，残效期较长，对一些害虫具有一定的杀卵作用。无内吸作用。能有效防治鳞翅目、双翅目和缨翅目害虫，也能很好地防治鞘翅目和直翅目中某些大量取食叶片的害虫种类，对刺吸式害虫和螨类的防治效果较差。

多杀霉素主要通过喷雾防治害虫，诱杀时也可点喷投饵。

（1）喷雾　一般使用480克/升悬浮剂12 000～15 000倍液，或25克/升悬浮剂800～1 000倍液喷雾。喷雾应均匀、周到，在害虫发生初期用药效果最佳。防治蓟马时需重点喷洒幼嫩组织如嫩梢、花、幼果等。

（2）点喷投饵　防治实蝇时多采用点喷投饵的方法用药以诱杀。一般每 667 米^2 喷投 0.02％饵剂 10～100 毫升。

2. 多抗霉素（多氧霉素）　多抗霉素是一类广谱的抗真菌农用抗生素，有效成分是一种多氧嘧啶核苷类，我国生产的此类产品商品名为多氧清，有效成分为 3％。由于它是一种高效、低毒、无环境污染的安全农药，所以被广泛应用于粮食作物、特用作物、水果和蔬菜等重要病害的防治。多抗霉素的使用浓度为 50～200 毫克/千克，有效作用剂量低，具有高效性，是国内外公认的安全、高效、广谱的生物杀菌剂。它对酸性溶液、中性溶液、紫外线稳定，常温下贮存 3 年以上稳定。与 Bt 等微生物农药的药效易受环境影响不同，多抗霉素在不同的大田条件下使用，表现出与化学农药类似的稳定效果。

多抗霉素对瓜果类菜由真菌引起的病害防效优良。对苹果斑点落叶病、梨黑斑病、瓜类枯萎病、草莓灰霉病、烟草赤星病有特效。与常规化学杀菌剂相比，它不会产生药害，作用迅速，并能刺激作物生长，具有药肥双效的独特功效。3％多抗霉素稀释 600～900 倍液喷雾，隔 7 天再用 1 次，可防治灰霉病、白粉病等。

3. 农抗 120　农抗 120 又叫抗霉菌素 120，是一种碱性核苷类抗生素，对多种病原菌有强烈的抑制作用，杀菌原理是阻碍病原菌的蛋白质合成，导致病菌死亡。对作物兼有保护和治疗双重作用。适用于防治瓜类、果树、蔬菜、花卉、烟草、小麦等作物白粉病，瓜类、果树、蔬菜炭疽病，西瓜、蔬菜枯萎病等。可采用喷雾或灌根法施药防治。

防治叶部病害，在发病初期（发病率 5％～10％），用 2％水剂 200 倍液喷雾，每隔 10～15 天再喷雾 1 次。若发病严重，隔 7～8 天喷雾 1 次，并增加喷药次数。

灌根可防治枯萎病等土传病害。在田间植株发病初期，将植株根部周围土壤扒成一穴，稍晾晒后用 2％水剂 130～200 倍液，每株灌药液 500 毫升，每隔 5 天再灌 1 次、对重病株连灌 3～4 次。处理苗床土壤时，于播种前用 2％水剂 100 倍液，喷洒于苗床上。

农抗 120 是生物杀菌剂，应选用有效期内产品，以免久存降低药效。可与非碱性多种农药现混现用。

4. 苏云金杆菌（Bt） 微生物杀虫剂，可用于防治直翅目、鞘翅目、双翅目、膜翅目，特别是鳞翅目等多种害虫。其高效低毒，对人、畜无害，无残毒，不污染环境，不伤害天敌，杀虫谱广，害虫不产生抗药性。常用剂型为粉剂（100 亿活芽孢/克、1 000 亿活芽孢/克），悬浮剂（100 亿活芽孢/克）。可防治葡萄天蛾、虎蛾、卷叶蛾等鳞翅目害虫，用 Bt 乳剂 500 倍液喷雾。注意 Bt 乳剂主要用于防治鳞翅目害虫的幼虫，施药期一般比化学农药提前 2～3 天。喷药时应避开中午强光，早晚或阴天施药效果较好。不能与内吸性杀菌剂或有机磷杀虫剂混配。但可和低浓度的菊酯类农药混用，以提高防治效果。对蚕毒力强，桑园周围慎用。

5. 白僵菌 是一种真菌杀虫剂，杀虫有效成分是活孢子，孢子遇到较高温度会自然死亡。对人、畜无毒，对家蚕的染病力强。制剂为粉剂，每克含孢子 50 亿～70 亿个。孢子接触到昆虫体后，在适宜的温湿度下萌发，生长菌丝侵入虫体内，产生大量菌丝和分泌物，使害虫生病，经 4～5 天后死亡。虫尸体白色僵硬，体表长满白色孢子，又可随风扩散或通过接触继续侵染其他害虫。在防治虫害时可采用喷菌液法，将菌粉对水 50～60 倍液喷雾。在越冬幼虫出土期进行地面防治，用白僵菌与辛硫磷微胶囊混用。可起到很好的防效。

6. 杀螟杆菌 是一种细菌性杀虫剂，杀虫的有效成分是由细菌产生的毒素和芽孢。对害虫以胃毒作用为主。对害虫有选择性，只对部分鳞翅目幼虫有效。与化学杀虫剂混用比单用的药效好，但不能与杀菌剂混用。

7. 鱼藤酮生物杀虫剂 鱼藤酮是从鱼藤根中提取并经结晶制成。杀虫谱广，在空气中易分解，药效残留期短（一般为 5～7 天，夏季强烈日光下仅为 2～3 天）。对环境安全。鱼藤酮对害虫具有触杀和胃毒作用。使用时，每 667 米² 园用 2.5% 鱼藤酮乳油 150～250 毫升，加水稀释成 300～500 倍液对植株均匀喷雾，可有效灭杀毛虫、卷叶蛾类、刺蛾、叶蝉、粉虱类等多种害虫。须注意的是：鱼藤酮不能与碱性农药混用；鱼藤酮对鱼类高毒，使用时应防"殃及鱼池"，应置于阴凉黑暗处贮存保管，避免高温和暴晒，并远离火源。

8. 苦参碱植物源生物杀虫剂　苦参碱是由中草药植物苦参的根、果提取制成的生物碱制剂，对害虫有触杀和胃毒作用。苦参碱易分解，基本无残留。使用时，每 667 米^2 用 0.2％苦参碱水 50～75 毫升加水 50～70 升（稀释成 1 000～1 500 倍液喷雾），每 667 米^2 用 3.2％杀虫净乳油（苦参碱、氯氰菊酯混配）40～50 毫升，加水 50～70 升（稀释成 1 500～2 000 倍液）对植株均匀喷雾，能有效灭杀葡萄虎蛾、天蛾、星毛虫等多类害虫。须注意的是，苦参碱药效较缓慢，应提前 3～5 天施用，以增强防治效果；苦参碱若与高效、低毒的速效性农药混用，则能显著提高药用效果。

9. 烟碱植物源生物杀虫剂　烟碱是由烟碱植物中提取出来的植物源生物杀虫剂，不仅具有触杀、胃毒和熏蒸杀虫作用，还有一定的杀卵能力，对植物有渗透作用，杀虫作用迅速、残留性低、对作物安全、杀虫谱广。使用时，可将烟草的不同部位切碎浸泡于水中，然后滤其汁液喷雾。能有效灭杀卷叶蛾、蓟马、叶蝉、飞虱等多种害虫。须注意的是，烟碱植物源生物杀虫剂对人畜及蚕有高毒，对鱼类为中等毒性，使用时应做好防护工作。烟草浸出液中若加入少量肥皂（有机生产中只需使用钾肥皂）或碱，可提高药效。常规栽培中，烟草浸出液与其他高效、低毒杀虫药剂混合使用，能提高药效。

（二）矿物源农药

1. 波尔多液　波尔多液是良好的植物保护性药剂，主要用于防治蔬菜、果树病害。它对多数气传性真菌病害有效，特别是喜水性的病害如水霉菌、绵霉菌、霜霉菌、腐霉菌和疫霉菌引起的病害效果好。此外，波尔多液对很多昆虫有驱避作用，也有一定的杀卵

活性。可防治葡萄炭疽病、黑痘病、褐斑病、房枯病、白腐病、霜霉病等。

（1）作用方式　能黏附在植物体表面，形成一层保护膜，不易被雨水冲刷掉。有效成分碱式硫酸铜能逐渐释放出铜离子杀菌，起到防治病害的作用。持效期为7～15天。

（2）使用方法　在发病前或发病初期喷用，每隔7～15天重复喷洒，使药液充分覆盖叶面，特别是新生长的部位，药液使用前应充分搅拌，喷雾过程中也要不时搅动。

石灰少量式铜离子浓度大，易产生药害；石灰半量式就很少有药害；等量式或石灰配比更多，除对石灰敏感的作物外，一般是安全无药害的。但石灰少量式、半量式药效来得快，石灰配比增多药效就慢一些。等量式或石灰配比更高的，对葡萄树体各部位的附着力比石灰少量式、半量式强，持效期也长，甚至附着在叶或果上长期附着直到收获，造成污染。

表7-6　常用的几种硫酸铜和石灰配比量

配合式	硫酸铜	石灰	水
石灰少量式	1	0.25～0.4	100
石灰半量式	1	0.5	100
石灰等量式	1	1	100
石灰倍量式	1	2	100
石灰多量式	1	＞2	100

葡萄生长前期，常用200～250倍的石灰少量式波尔多液：硫酸铜0.5千克：生石灰0.25～0.45千克：水100～125千克。

葡萄生长后期，可用200倍的石灰等量式波尔多液：硫酸铜0.5千克：生石灰0.5千克：水100千克。

石灰用量稍大，对嫩叶有一定药害，但药效很好。

（3）配制方法　一般采用"两液法"，即先把硫酸铜和生石灰分别用少量热水化散，及时过滤，分别加入应配制的水量各一半，然后同时倒入另一容器中，边倒边搅；或采用"稀浓液法"，用全水量的 1～2 成配成石灰乳，过滤，另 8～9 成配置成硫酸铜液，慢慢倒入石灰乳中，边倒边搅。

（4）注意事项

配制时：①两液温度不可相差过大，且不高于 30℃，石灰乳温度要稍低一些，否则易沉淀，杀菌力低。②要选用质量好的硫酸铜和生石灰做原料，才能保证配置质量。③配置时必须用木桶、瓷盆或水泥槽，不可用铁桶或其他金属器具，调药的桶如果是铁皮的，应刷漆或用镀锌的。④水要清洁含矿物质少的软水。⑤只能把硫酸铜液倒入石灰乳中，不能反倒，否则会使波尔多液胶体颗粒变粗，易生沉淀。⑥现用现配，最好能加一些展着剂。

使用时：①发病前用。②雨雾天不能用，以防发生药害。③不能与肥皂、松脂合剂、石硫合剂、矿油乳剂混用，也不能与遇碱性即分解的大多数有机药剂混用，喷后隔 10 天以上才能再喷石硫合剂。④不能与和铜、钙离子起化学反应的药剂如代森类、硫菌类混用。⑤果品、蔬菜采收前 15～20 天不要施波尔多液，如采收的果品、蔬菜上沾有残渍，食用前可先用稀醋液洗去，再用清水洗净。

2. 石硫合剂　石硫合剂是一种古老、常用的杀菌剂，并兼杀螨类，是由生石灰和硫黄加水仔细熬制而成。对葡萄白粉病、毛毡病（壁虱）和黑痘病等有效。

（1）作用方式　主要成分是多硫化钙，喷施后分解产生的硫黄细颗粒起到防治病害和杀虫作用。

（2）使用方法

熬制材料：生石灰（新鲜、白色、烧透的石灰块）1～1.5 份、硫黄（碾成细粉、过筛）2 份、水（洁净的软水）10 份。

熬制方法：先烧开水，然后用另外的容器把硫黄用开水调成浓糊状，倒入锅里的开水中搅拌，再把生石灰块倒入锅中，并不断搅拌，急火熬煮 40～60 分钟，不断搅拌，同时随时用开水补充蒸发掉的水量。当药液呈深红褐色即成。将药液从锅中取出，放在缸内澄清 3 天后吸出清液，装入另一缸内备用（不要用铜器熬煮和储藏药液）。

生长季节使用容易发生药害，一般在冬季或早春时使用较多，葡萄发芽前喷洒1～2次3～5波美度石硫合剂。早春喷洒的效果好坏直接影响当年的病害发生状况，一般在大部分葡萄品种的芽体开始膨大但尚未开裂时进行喷布效果最好，该期通常较短，只有3～5天，生产中应注意观察，另外，喷布时对葡萄枝蔓及其附近地面均要细致喷到，以地面充分湿润为好。

使用时原液稀释量：

$$原液稀释量（千克）=\frac{所需稀释浓度}{原液浓度}\times 所需稀释液量（千克）$$

$$需水量=所需稀释液量-原液需用量$$

（3）注意事项　①贮藏原液必须密封，不可日晒，最好在液面上倒一薄层煤油（或食用油），稀释液不能久存。②本液腐蚀力强，喷布浓度较高的药液时不可接触皮肤和衣服。③喷雾器用后必须洗净，以免腐蚀损坏。④夏季高温（32℃以上）时使用易发生药害，低温（4℃以下）时使用药效低。⑤早春使用时要加热水两成，以提高药效。

3. 碱式硫酸铜（绿得保）　保护性杀菌剂，悬浮剂为蓝色流动性黏稠浓悬浊液，可湿性粉剂为浅绿色粉末。碱式硫酸铜粒度细小，分散性好，耐雨水冲刷，悬浮剂还加有黏着剂。因此，能牢固地黏附在葡萄表面形成一层保护膜，碱式硫酸铜有效成分依靠在植物表面上水的酸化，逐步释放铜离子，抑制真菌孢子萌发和菌丝发育。常用剂型为80%可湿性粉剂，30%与35%悬浮剂。可防治葡萄霜霉病、黑痘病、炭疽病等，在发病初期用400～500倍液喷雾。该药必须在发病前使用，并注意与其他治疗药剂交替使用，避免在露水未干和阴雨天用药，以免发生药害。

（三）有机合成农药

1. 杀菌剂

（1）烯酰吗啉　烯酰吗啉是一种肉桂酸衍生物。

作用特点：对霜霉科和疫霉属的真菌有较强活性。主要是引起孢子囊壁的分解，从而使菌体死亡。除游动孢子形成及孢子游动期外，对卵菌生活史的各个阶段均有作用，尤其在孢子囊梗及卵孢子的形成阶段更敏感，在极低的浓度下（<0.25 毫克/升）即被抑制。若在孢子形成之前用药，即可以完全抑制孢子产生。

使用方法：该药的内吸性较强，根部施药，可通过根部进入植株的各个部位。叶面喷洒，药亦可进入叶片内部。与苯酰胺类杀菌剂例如瑞毒霉、恶唑烷酮等无交互抗性。该药可考虑与铜制剂、二噻农、苯酰胺或百菌清混用。剂型 69%安克锰锌可湿性粉剂、69%安克锰锌水分散粒剂。是防治葡萄霜霉病的特效药剂之一。

（2）嘧霉胺　为新型杀菌剂，属苯胺基嘧啶类。为当前防治灰霉病活性较高的杀菌剂。

作用特点：其作用机理独特，通过抑制病菌侵染酶的产生从而阻止病菌的侵染并杀死病菌。对常用的非苯胺基嘧啶类（苯并咪唑类及氨基甲酸酯类）杀菌剂已产生抗药性的灰霉病菌有效。同时具有内吸传导和熏蒸作用，施药后迅速达到植株的花、幼果等喷雾无法达到的部位杀死病菌，药效更快、更稳定。对温度不敏感，在相对较低的温度下施用不影响药效。

使用方法：防治灰霉病，在发病前或初期，每 667 米² 用 40%嘧霉胺 25～95 克，兑水 800～1 200 倍，用水量 30～75 千克，植株大，高药量高水量；植株小，低药量低水量，每隔 7～10 天用一次，共用 2～3 次。一个生长季节防治需用药 4 次以上，应与其他杀菌剂轮换使用，避免产生抗性。

制剂类型有 12.5%乳油和 20%可湿性粉剂。

（3）多菌灵　别名苯并咪唑 44 号。纯品为白色无味结晶，原粉外观为浅棕色粉末。在碱性条件下不稳定，对热较稳定，应贮存于避光的容器中，并置于遮光阴凉的地方。属低毒杀菌剂。

作用特点：是一种高效低毒内吸性杀菌剂，具有保护和治疗作用。在葡萄上常用 25%、50%多菌灵可湿性粉剂，外观为褐色疏松粉末，常温下贮存两年有效成分含量不变。

使用方法：防治葡萄白腐病、炭疽病、黑痘病，在葡萄展叶后到果实着色前，用25％可湿性粉剂250～500倍液或50％可湿性粉剂800～1 000倍液喷雾。

注意事项：①多菌灵可与一般杀菌剂混用，但与杀虫剂、杀螨剂混用时要随混随用，不能与强碱性药物及铜制剂混用。稀释的药液暂时不用静止后会出现分层现象，需摇匀后使用。②避免长期单一使用多菌灵，也不要用硫菌灵、甲基硫菌灵、苯菌灵等与多菌灵存在交互抗性的杀菌剂作为替换药剂。病原菌已产生抗性的地区，应改用其他杀菌剂。

（4）甲基托布津　别名甲基硫菌灵。纯品为白色结晶，原粉为黄色结晶，对酸碱稳定。属低毒。

作用特点：甲基托布津是一种广谱性内吸杀菌剂，能防治多种作物病害，具有内吸、预防和治疗作用。它在植物体内转化为多菌灵，影响菌的细胞分裂。

使用方法：常用剂型为70％甲基托布津可湿性粉剂，外观为无定形灰棕色或灰紫色粉剂，常温原包装贮存在阴凉干燥处可稳定两年以上。70％甲基托布津对水1 000～1 500倍液喷雾，可防治葡萄白粉病、白腐病、褐斑病和炭疽病等。

注意事项：不能与强碱性药物及铜制剂混用，长期使用会产生抗药性。

（5）乙膦铝　中文通用名为三乙膦酸铝，别名：疫霜灵、疫霉灵、乙磷铝、霜霉净等。纯品为白色无味结晶，工业品为白色粉末，挥发性小，遇强酸强碱易分解。低毒。

作用方式：为内吸性杀菌剂，在植物体内能上下传导，具有保护和治疗作用。对霜霉属、疫霉属等藻菌等引起的病害有良好的防效。

使用方法：葡萄上主要防治霜霉病，在发病初期开始每隔10～15天用80％乙膦铝可湿性粉剂300～400倍液叶面喷雾。可与多菌灵、代森锰锌等混用或混配，以扩大防控范围。

注意事项：①勿与酸性、碱性农药混用，以免分解失效。②本品易吸潮结块。贮运中应注意密封干燥保存。如遇结块，不影响使用效果。③用药时注意个人防护，用药完毕，应用肥皂洗手、洗脸。

（6）瑞毒霉　别名甲霜灵、甲霜安、雷多米尔。纯品为白色结晶，原粉（有效成分含90％）外观为黄色至褐色无味粉末，不易燃，不爆炸，无腐蚀性。常温贮存稳定期两年以上。属低毒杀菌剂。

作用特点：是一种具有保护和治疗作用的内吸性杀菌剂，可被植物的根、茎、叶吸收，并随植物体内水分运转而转移到植物的各个器官。可以作茎叶处理、种子处理和土壤处理。对霜霉属、疫霉属、腐霉菌所引起的病害有效。

使用方法：葡萄上主要防治霜霉病，发病初期开始喷药，可用25％可湿性粉剂500～700倍液，病害低峰时改用其他常规杀菌剂。

制剂及其理化性质：在葡萄上常用的为25％可湿性粉剂。外观为白色至米色粉末，pH5～8。不可燃。常温贮存稳定两年以上。

注意事项：①该药单独喷雾使用易产生抗性菌，应与其他杀菌剂复配使用，提倡与代森类混用或制成混剂。叶面喷药可采用1份瑞毒霉、2份代森锌混合使用；土壤处理可单用。②本药应贮存于通风干燥处，不要与食品、种子、饲料混放在一起，也不要与杀虫剂、除草剂放在一起。应原包装存放，贮存温度不得超过35℃。

（7）代森锰锌（大生M-45、喷克、新万生、山德生）　为灰黄色粉末，常用剂型为70％或80％可湿性粉剂，是一种广谱、保护性的有机硫杀菌剂。代森锰锌常与内吸性杀菌剂混用，可延缓抗性的产生。用70％可湿性粉剂400～600倍液喷布叶面可防治葡萄霜霉病、黑痘病、褐腐病。注意本剂不能与石硫合剂、波尔多液等碱性药剂混用，也不能与含铜制剂混用。贮藏时注意密封防潮，放于阴凉处，以防分解失效。注意应在发病前使用，采收前15天停止用药。

（8）科博（波尔多粉＋代森锰锌）　低毒、广谱杀菌剂。施药后药液黏附在葡萄叶、梢、及果实表面，形成一层保护膜，耐雨水冲刷，药效高且持久稳定，但不污染葡萄果实，且不易产生抗药性，可防治真菌性病害和细菌病害。该药含有多种营养元素，对葡萄有促进生长的作用。一般多为78％可湿性粉剂，常用浓度为500～600倍液，在发病前或发病初期施用，可有效控制葡萄霜霉病、黑痘病、炭疽病、白粉病、白腐病等。注意喷药时要均匀周到，将整个植株喷匀。

（9）福美双　保护性杀菌剂，抗菌谱广。残效期较短，为7天左右。常用剂型为50％可湿性粉剂。对葡萄白腐病具有较好药效，使用浓度为500～600倍液。同时对葡萄炭疽病、房枯病亦有一定作用，但对葡萄霜霉病、白粉病、黑痘病效果较差。注意福美双对人的黏膜和皮肤有刺激作用，喷药时应注意自我保护。在葡萄上有时有药害发生。

（10）异菌脲（扑海因）　低毒、杀菌谱广，是一种有机杂环类杀菌剂，持效期10～15天，对鸟类、蜜蜂和天敌安全。常用剂型为50％或湿性粉剂，或25％悬浮剂。防治葡萄穗轴褐枯病和灰霉病可用50％可湿性粉剂1 000～1 500倍液喷雾，10～15天后与其他杀菌剂交替使用。注意该药对真菌的作用点较为专化，病菌易产生抗药性，应及时与其他具有不同作用方式的杀菌剂轮换使用。该药无内吸性，喷药时要均匀周到。

（11）三唑酮（粉锈宁）　高效、低毒、低残留、持效期长、内吸性强的三唑类杀菌剂。无致畸、致突变和致癌作用。常用剂型为25％可湿性粉剂、20％乳油或15％烟雾剂。该药对葡萄白粉病有特效。浓度为1 500～2 000倍液，用药间隔期为15～20天。注意避免单一连续使用或任意提高使用浓度，以免产生抗药性。收获前15～20天停止用药。

（12）氧化亚铜（铜大师、靠山）　其杀菌作用主要靠铜离子，它与真菌或细菌体内的蛋白质中的—SH、—COOH—OH、—N$_2$H等基团起作用，导致病菌死亡。常用剂型为86.2％铜大师可湿性粉剂和56％靠山水分散粒剂。在葡萄霜霉病发病前或初期开始施药，每隔7～10天用药1次，一般连续喷3～4次。该药应存放在干燥通风处，高温或低温潮湿气候条件下尽量不用。

（13）苯醚甲环唑（世高）　高效、广谱、治疗性杀菌剂。内吸渗透性强，施药后 2 小时内即可完全被吸收，内吸后具有双向传导作用，即使病害已发生，仍可杀死病菌、控制病害，保护新叶、梢不受侵害。对葡萄黑痘病、黑腐病效果较好，持效期 7～14 天。常用剂型为 10％水分散粒剂。在葡萄末花前后各喷 1 次 10％水分散粒剂 2 000～3 000 倍液，可有效控制黑痘病的发展。同样浓度也可防治葡萄黑腐病。注意不能与强碱性农药混用，注意与其他杀菌剂交替使用。

（14）炭疽福美（福美双＋福美锌）　本剂是通过抑制病菌的丙酮酸氧化而中断其代谢过程，从而导致病原菌死亡。炭疽福美有抑菌和杀菌双重作用，以预防作用为主，兼有治疗作用。常用剂型为 80％可湿性粉剂。可防治葡萄白腐病、炭疽病等，使用浓度为 500～800 倍液。注意本剂可与一般杀菌剂一同使用，但不能与铜制剂及砷酸铅混用。本剂有明显的防病作用，但在发病严重情况下防病相应降低，因此以早期使用为好。

（15）杀毒矾（噁霜锰锌）　本药由噁霜灵和代森锰锌混配，噁霜灵属于苯基酰胺类内吸性杀菌剂，药效略低于甲霜灵，与其他苯基酰胺类药剂有正交互抗性，属于易产生抗药性品种。具有接触杀菌和内吸传导作用。施药后药效可持续 13～15 天，它的抗菌活性仅限于卵菌纲。对子囊菌、担子菌和半知菌无活性。噁霜灵与代森锰锌混配之后有明显的超效和扩大抗菌谱的作用，除控制卵菌纲外，也能控制其他继发性病害。常用剂型为 64％可湿性粉剂。对葡萄霜霉病有特效，防治葡萄霜霉病、褐斑病、黑腐病、蔓割病使用的浓度为 400～500 倍液，每隔 14 天左右喷 1 次。注意该药应在发病前或发病初期使用，不得与强碱性药物混用，由于易产生抗药性，应注意与其他无交互作用的药剂交替使用。

（16）易保（代森锰锌＋噁唑菌酮）　易保是由代森锰锌和噁唑菌酮复配而成的保护性杀菌剂。由于其中的成分具有亲酯性，喷施后有易沾黏，不易被雨水冲刷的特性，适于雨季期间使用。常用

剂型为 68.75％水分散粒剂。在病斑出现以前，用800～1 200 倍液喷施可防治葡萄霜霉病等。共喷 3～4 次，用药间隔 7～10 天。注意易保为保护性杀菌剂，在病害未侵染前，叶面喷施才能发挥最大的药效。

2. 杀虫剂

（1）敌百虫　敌百虫是一种广谱杀虫剂，有强烈的胃毒和触杀作用，对鳞翅目、双翅目、鞘翅目害虫均有良好效果，而对螨类及某些蚜虫则效果较差。用90％敌百虫 1 000～1 500 倍液可防治葡萄十星叶甲、叶蝉、天牛、天蛾、金龟子、虎蛾等害虫。药液即配即用。

注意不能与碱性农药混用，对金属有腐蚀作用，施药后要清洗喷雾器，用后将瓶口封好放在干燥处保存，并避免高温和日晒。

（2）辛硫磷（肟硫磷、倍腈松）　为高效、低毒、广谱有机磷杀虫剂。以触杀和胃毒为主，无内吸性作用，但有一定的杀卵作用。叶面喷雾持效期 2～3 天，施入土中可达 1～2 个月。常用剂型为 50％乳油、25％微胶囊水悬剂。主要用于防治金龟子的幼虫（蛴螬），在幼虫发生期，用 50％乳油 500 倍液或 25％微胶囊水悬剂 200～300 倍液，在树下地面喷雾。或每 667 米² 用 50％乳剂 500 毫升，拌细土 50 千克施于地面上，再耙入土中，效果更好。注意辛硫磷在光照条件下易分解，田间喷雾宜在傍晚或夜间进行，暗处贮藏。安全间隔期为 30 天。

（3）杀螟硫磷（杀螟松）　具有触杀和胃毒作用，无内吸和熏蒸作用。残效期中等，杀虫谱广，毒性低，渗透力较强，可杀死钻蛀性害虫。主要用于防治葡萄透翅蛾，在成虫产卵和初孵幼虫为害嫩梢期，用 50％乳油 1 000 倍液喷雾。防治葡萄虎天牛，在成虫发生期，用同样的浓度进行喷雾。注意杀螟硫磷为中毒性杀虫剂，应按照已制定的安全使用标准使用，安全间隔期为 30 天。

（4）氰戊菊酯（速灭杀丁、杀灭菊酯、敌虫菊酯、速灭菊酯）对害虫主要是触杀作用，也有胃毒和杀卵作用，在致死浓度下有忌避作用，但无熏蒸和内吸作用。杀虫谱广，但对螨类无效。常用剂型为 20％速灭杀丁乳油。用 20％乳油 2 000～3 000 倍液喷布，可防治葡萄蚜虫、木虱等。

注意不能与碱性农药混用；不能用于土壤处理，无内吸作用，喷药时要周到均匀；同其他杀虫剂交替使用避免产生抗药性；果实采收前 30 天停止使用。

（5）溴氰菊酯（敌杀死）　具有强烈的触杀和一定的胃毒、驱避、拒食作用，无内吸和熏蒸作用。主要防治食心虫、卷叶虫、毛虫类等鳞翅目害虫，同时可兼治蚜虫、金龟子等同翅目、鞘翅目害虫。剂型有 2.5％溴氰菊酯乳油、2.5％溴氰菊酯可湿性粉剂。防治葡萄透翅蛾、葡萄天蛾等害虫时使用浓度为 2 000 倍液。果实采收前 30 天停止使用。

（6）三氟氯氰菊酯（功夫、PP321）　工业制剂为淡黄色透明液体，乳化性能良好，喷药后耐雨水冲刷。中等毒性。制剂为 2.5％功夫乳油。具有触杀和胃毒作用，无内吸作用。对刺吸性口器的害虫及害螨有一定防效。防治葡萄星毛虫时，在幼虫发生期喷 2.5％乳油 2 000 倍液，可取得较好防效。

（7）顺式氯氰菊酯（高效灭百可、歼灭）　中等毒性，制剂有 5％、10％乳油。具有触杀和胃毒作用，兼有一定的杀卵作用。在葡萄虎蛾和葡萄天蛾发生期，用 10％乳油 4 000 倍液喷雾，同时可兼治其他鳞翅目害虫。

第八章

科学的采收和贮藏技术

一、采收、分级和包装

（一）采收期的确定

采收是葡萄栽培中一项重要工作，是商品生产的归宿。要把好这一关，首先要确定合理的采收期。葡萄采收应定在浆果成熟的适期进行，这对浆果产量、品质、用途和贮藏性有很大的影响。采收过早，浆果尚未充分发育，着色差，糖分积累不足，未形成该品种固有的风味和品质，鲜食味不足，酿酒香不够，贮藏又易失水、易得病；采收过晚，易落粒，皮薄的品种还易裂果，果实硬度下降，不耐贮藏。鲜食葡萄要求在最佳食用成熟期采收，具体鉴别标准如下：

（1）白色品种绿色变绿黄或黄绿或白色；有色品种果皮叶绿素逐渐分解，底色花青素、类胡萝卜素等色彩变得鲜明，并出现果粉。

（2）浆果果肉变软，富有弹性。

（3）结果新梢基部变褐或红褐色（个别品种变黄褐色、淡褐色），果穗梗木质化。

（4）已具有本品种固有的风味，种子暗棕色。

如果是酿酒、制汁、制干用，除上述形态成熟标准外，最好用折光仪测定含糖量，要求含糖量高于18％。

如果制糖水葡萄罐头，则采收期为果实八九分成熟时，有利于除皮、蒸煮和装罐等工艺操作。

（二）采收

采收前 10 天须停止浇水，采摘时间应在果面露水已干开始，中午气温过高时停采。剪下后要注意轻拿轻放，保护好果粉，采后放在阴凉处或立即进保鲜库进行预冷。并注意以下几点：

（1）采摘应选择晴朗天气，待露水蒸发后进行，阴雨、大雾及雨后不能采收。

（2）采摘时一手握剪刀，一手抓住穗梗，在贴近母枝处剪下，保留一段穗梗，采后直接剪掉果穗中烂、瘪、脱、绿、干、病的果粒，加工后的果穗直接放入箱、筐或内衬塑料保鲜袋的箱内，最好不要再倒箱，不要异地加工。

（3）采收、装箱、搬运要小心操作，严防人为落粒、破粒。尽量避免机械伤口，减少病原微生物入侵之门。

（4）葡萄采收后应及时运往冷库，做到不在产地过夜，以保持果柄新鲜。

（5）分期采收。同一棵葡萄上的果穗成熟度不同，为了保证葡萄的品质和入库后葡萄快速降温，应分期分批采收。

（6）下列葡萄不能入贮：凡高产园、氮肥施用过多、成熟不充分，以及含糖量低于 14％的葡萄和有软尖、有水罐病的葡萄；采前灌水或遇大雨采摘的葡萄；灰霉病、霜霉病及其他果穗病较重的葡萄园的果穗；遭受霜冻、水涝、风灾、雹灾等自然灾害的葡萄；成熟期使用乙烯利促熟的葡萄。

（三）采后处理

1. 质量分级　葡萄采后分级能减少损耗，便于包装，运输、与贮藏；还能实现优质优价，满足不同用途的需要，从而提高葡萄产品市场的竞争力。尤其是无公害葡萄，作为高档果品，分级后能体现其高档的价值。我国于 2001 年已发布了农业行业标准《鲜食

葡萄》（NY/T 470—2001）。该标准规定了鲜食葡萄的外观、大小、内在品质、着色标准等。具体见表8-1和表8-2。

表8-1　鲜食葡萄等级标准

项目名称	一等果	二等果	三等果
果穗基本要求	果穗完整，不落粒、洁净、无异常气味、无非正常的外来水分、无机械伤、果梗发育良好并健壮、新鲜、无伤害；果蒂部新鲜、不皱缩；果穗无小青粒、无水灌、无干缩果、无腐烂		
果粒基本要求	果粒充分发育；充分成熟		
果穗基本要求： 果穗大小（千克） 果粒着生紧密度	0.4～0.8 中等紧密	0.3～0.4 中等紧密	<0.3或>0.8 极紧密或稀疏
果粒要求： 　形状	果形端正；具有本品种固有特征	果形端正；允许有轻微缺陷	果形允许有缺陷，但仍能保持本品种特征
大小（较平均粒重）	≥15%	≥平均值	平均值～<平均值15%
着色	好	良好	较好
果粉	完整	基本完整	较完整
果面缺陷（日灼、刺伤、碰压伤、药害裂果等）	无	缺陷果少于2%	缺陷果粒小于5%
二氧化硫伤害	无	受伤果粒小于2%	受伤果粒小于5%
风味	好	良好	较好

表8-2　鲜食葡萄的着色度等级标准

着色程度	每穗中呈现良好的特有色泽的果粒≥		白色品种
	黑色品种	红色品种	
好	95%	75%	达到固有色泽
良好	85%	70%	
较好	75%	60%	

2. 卫生检验　标准化生产获得的产品（鲜果），其卫生质量必须符合表8-3的规定。

表8-3　果品有害残留限量标准

项　目	无公害葡萄标准[①] 最高含量标准（毫克/千克）	绿色葡萄标准（A级）[②] 最高含量标准（毫克/千克）	有机葡萄标准[③] 最高含量标准（毫克/千克）
汞 Hg	≤0.01	≤0.005	≤0.005
氟 F	≤0.5	≤0.5	≤0.025
砷 As	≤0.5	≤0.2	≤0.025
镉 Cd	≤0.03	≤0.01	≤0.0015
铅 Pb	≤0.2	≤0.2	≤0.01
六六六（BHC）	≤0.2	≤0.05	≤0.01
滴滴涕	≤0.1	≤0.05	≤0.005
敌敌畏	≤0.2	≤0.05	≤0.01
乐果	≤1.0	≤0.05	≤0.05
杀螟硫磷	≤0.5	≤0.02	≤0.02
倍硫磷	≤0.05	不得检出	不得检出
甲拌磷	不得检出	不得检出	不得检出
马拉硫磷	不得检出	不得检出	不得检出
对硫磷	不得检出	不得检出	不得检出
溴氰菊酯	≤0.1	不得检出	不得检出
氰戊菊酯	≤0.2	不得检出	不得检出
百菌清	≤1	≤0.8	≤0.04
三唑酮		≤0.15	≤0.005

注：①数据引自《GB 18406 无公害水果安全标准》和《NY 5086—2002 无公害食品 鲜食葡萄》。

②数据引自《NY/T 428—2000 绿色食品　葡萄》。

③有机产品的残留限量按无公害标准的5%计算而得，仅供参考。

有机产品的农药残留不能超过国家食品卫生标准相应产品限值的 5%，重金属含量也不能超过国家食品卫生标准相应产品的限值。

3. 包装

（1）包装的作用　葡萄果实含水量高，果皮保护组织性能差，容易受到机械损伤和微生物侵染。良好的包装可以保证产品安全运输和贮藏，减少货品之间的摩擦、碰撞和挤压，防止产品受到微生物等不利因素的污染，减少病虫害的蔓延和水分蒸发，保持良好品质的稳定性，提高商品率和卫生质量。合理的包装有利于葡萄货品标准化，有利于仓储工作机械化操作和减轻劳动强度，有利于充分利用仓储空间和合理堆码。

（2）包装容器的要求　包装材料主要有包装箱、塑料袋、衬垫纸、捆扎带等。

A. 包装箱：主要有木条箱、纸质箱、钙塑瓦楞箱和塑料箱。纸质箱选用双瓦楞纸箱，外形为对开形，扁长方形，果容量为 1～5 千克；木条箱、塑料箱规格为 5～10 千克果容量，外形为长×宽×高＝40 厘米×28 厘米×18 厘米。

B. 塑料袋：主要用于调气、保温，必须采用食品包装允许使用的无毒、清洁、柔软的塑料膜制作。

C. 衬垫纸、捆扎带、胶水等物应清洁、无毒，衬垫纸必须柔软而有韧性。

D. 包装容器应该清洁、无污染、无异味、无有害化学物质；内壁光滑、卫生、美观、重量轻、易于回收及处理等特点。

E. 容器要有通气孔，木箱底下及四壁都要衬垫瓦楞纸板，将果穗一层层、一穗穗挨紧摆实，以不窜动为度，上盖一层油光薄纸，纸上覆盖少量净纸条，盖紧封严，以保证远途运输安全。

F. 包装容器外面应注明商标、品名、等级、重量、产地、特定标志及包装日期。

（3）包装方法与要求　采后的葡萄应立即装箱，集中装箱时应在冷凉环境中进行，避免风吹、日晒和雨淋。每一个包装内装入同一级别的果实，将果穗一层层、一穗穗挨紧摆实，以不窜动为度。一级果品用纸袋或打孔塑料袋单果穗包装，码放在单层包装箱内。贮藏或长途运输的果品，在箱角上放 1～2 片防腐保鲜剂，运往市场供鲜食销售或贮藏。

要避免装箱过满或过少造成损伤。装量过大时，葡萄相互挤压，过少时葡萄在运输过程中相互碰撞，因此，装量要适度。包装的重量木板箱、塑料箱容量为 5～10 千克，纸箱容量为 1～5 千克。装箱时，果穗不宜放置过多、过厚，一般 1～2 层为宜。

（4）有机产品的包装　①包装材料应符合国家卫生要求和相关规定；提倡使用可重复、可回收和可生物降解的包装材料。②包装应简单实用。③禁止使用接触过禁用物质的包装物或容器。

4. 预冷及方式　葡萄采后必须快速预冷，预冷可以有效而迅速地降低果穗呼吸强度，大大延缓贮藏中病菌的为害与繁殖。还可以防止果梗干枯、失水，防止果粒失水萎蔫和落粒，从而达到保持葡萄品质的目的。葡萄较合适的预冷的方式主要有三种：

（1）强制冷风预冷　在预冷库内设冷墙，冷墙上开风孔，将装果实的容器远离码于预冷风孔两侧或面对风孔，堵塞除容器气眼以外的一切气路，用鼓风机推动冷墙内的冷空气，在容器两侧造成压力差，强迫冷空气经容器气眼通过果实，迅速带走果实携带的热量，达到预冷的目的。此方法投资费用高，在我国只有少量应用。

（2）冷库预冷　在 0℃冷库内堆码垛实，冷却时间 10～72 小时。预冷库空气流量须每分钟 60～120 米^3。此法冷却速度慢，但是具有操作方便，葡萄预冷包装和贮藏包装可通用的优点，是葡萄预冷较好的一种方式。

（3）自然预冷　利用夜间低温来降低葡萄体温的一种方法。这种方法在葡萄简易贮藏中普遍采用。

葡萄入库时敞开袋口，使库温降至 -1℃。预冷时间以 10 小时左右为宜。

5. 产品的标志、标签　所谓标识是指在销售的产品上、产品的包装上、产品的标签上或者随同产品提供的说明性材料上，以书写的、或印刷的文字或图形的形式对产品所作的标示。

（1）无公害葡萄的标志　按照国家《食品标签通用标准》执行。要求包装箱上明确标明产品名称、数量、产地、包装日期、保存期、生产单位、贮运注意事项等内容。字迹应清晰、完整、无错别字。

（2）绿色产品的标志和销售

A. 在内、外包装及标签上使用绿色食品标志时，绿色食品标志的标准图形、标准字体、图形与字体的规范组合、标准色、编号规范必须按照《中国绿色食品商标标志设计使用规范手册》要求执行，并报中国绿色食品发展中心审核、备案。

B. 包装、标签上必须做到"四位一体"，即绿色食品标志图形、"绿色食品"文字、编号及防伪标签须全部体现在产品包装上。凡标志图形出现时，必须附注册商标符号"R"。在产品编号正后或正下方须注明"经中国绿色食品发展中心许可使用绿色食品标志"的文字，其规范英文为"Certified China Green Food Product"。

C. 包装箱上应标明产品名称、数量、产地、包装日期、保存期、生产单位、储运注意事项等内容。字迹应清晰、完整、勿错。

D. 标签上必须标注产品名称、净含量及固形物含量、产地、包装日期、保存期、储运注意事项、质量（品质等级）和产品标准号。另外，还须注明防腐剂、色素等所用种类及用量。

（3）有机产品的标识

A. 按有机产品国家标准生产并获得有机产品认证的产品，方可在产品名称前标识"有机"，在产品或者包装上加施中国有机产品认证标志并标注认证机构的标识或者认证机构的名称。

B. 中国有机产品认证标志和中国有机转换产品标志仅用于按照国家标准生产并经认证机构认证的相应的有机产品或有机转换产品。

C. 印制的中国有机产品认证标志和中国有机转换产品标志应当清楚、明显。

D. 印制在获证产品标签、说明书及广告宣传材料上的中国有机产品认证标志和中国有机转换产品标志，可以按比例放大或者缩小，但不得变形、变色。

E. 有机产品认证机构的标识或者机构名称的印刷应当清楚。

F. 认证机构的标识的相关图案或者文字应不大于中国有机产品认证标志和中国有机转换产品标志。

此外，有机产品在销售时还要注意下列事项：

A. 为保证有机产品的完整性和可追溯性，销售者在销售过程中应当采取但不限于下列措施。

——有机产品应避免与非有机产品的混合。

——有机产品避免与有机产品生产不允许使用的物质接触。

——建立有机产品的购买、运输、储存、出入库和销售等的记录。

B. 有机产品进货时，销售商营索取有机产品认证证书等证明材料。

C. 应对有机产品的认证证书的真伪进行验证，并留存认证证书复印件。

D. 应在销售场所设立有机产品销售专区或陈列专柜，并与非有机产品销售区、柜分开。

E. 在有机产品销售专区或陈列专柜，应在显著位置摆放有机产品认证证书复印件。

F. 不符合有机产品标识要求的产品不能作为有机产品进行销售。

6. 运输　建议采用冷藏车（船）或冷藏集装箱运输。如条件不具备，也可预冷至 0℃ 后，采用普通汽车进行保温运输或保温集装箱运输。5～7 天内可基本保持葡萄新鲜如初。运输时应注意包装容器一定要装满装实，做到轻装、轻卸，运输途中防止剧烈摆动造成裂果、落粒。装运时做到轻装、轻卸，严防机械损伤。运输工具清洁、卫生、无污染。公路汽车运输时严防日晒雨淋，铁路或水路长途运输时注意防冻和通风散热。

有机产品的运输

（1）混杂使用的运输工具在装载有机产品前应清洗干净。

（2）在运输工具及容器上，应设立专门的标志和标识，避免与常规产品混杂。

（3）在运输和装卸过程中，外包装上应该贴有清晰的有机认证标志及有关说明。

（4）运输和装卸过程应当有完整的档案记录，并保留相应的票据，保持有机生产的完整性。

二、葡萄的贮藏保鲜

（一）贮藏适宜的条件

葡萄在贮藏过程中，仍然是活的有机体，继续进行着呼吸作用。降低葡萄的呼吸强度，达到延缓衰老，延长葡萄的保质期的目的，需要考虑葡萄的贮藏条件。

1. 影响葡萄贮藏的主要因素　影响葡萄贮藏的因素很多，主要体现在用于贮藏的葡萄品种与栽培条件、贮藏温度、环境中相对湿度以及化学药剂的应用等方面的因素。

（1）品种和栽培条件对贮藏的影响　品种之间的耐贮性差异较大，一般而言，欧洲种葡萄比美洲种葡萄耐贮藏，欧洲种东方品种群的品种比西欧和黑海品种群的品种耐贮藏，晚熟品种比中熟品种耐贮藏。近几年来，市场销售看好的红地球的耐贮性相当好，在贮藏过程中，即使穗轴干枯，果粒仍然紧密地着生在果柄上。耐贮性较好的品种还有：龙眼、巨峰、玫瑰香、意大利、红意大利、新玫瑰、秋红、摩尔多瓦等。

施肥条件对葡萄的贮藏性也有影响，过多地施用氮肥，果实着色差，质地松软，在贮藏中易发生生理性病害和真菌性病害，而使浆果过早腐烂；适量施钾肥，浆果质地致密，色艳味浓，耐贮性较好；增施钙肥、硼肥，抑制呼吸作用，防止某些生理病害的发生，提高果品的品质及耐贮性。

成熟度好的葡萄，含糖量高，比成熟度低、含糖量低的葡萄耐贮。旱地产的葡萄比湿地产的葡萄耐贮；采前控水比采前灌水的葡萄耐贮。葡萄在树上的着生部位与树龄对耐贮性也有一定的影响。如葡萄的果穗着生在蔓的中部和梢部比基部的耐贮；壮年盛产园采收的葡萄比老年低产园采收的葡萄耐贮藏。

采收时间和方法对葡萄贮藏效果均有明显影响。阴雨天采收，浆果的含水量增高，含糖量下降，并且果穗带水较多，会引起贮藏期多发病害，不利于藏期贮藏。采收时如果果穗、果粒产生机械伤害，也会降低贮藏效果。

（2）温度对贮藏的影响　在贮藏过程中，温度对葡萄的影响很大。浆果的呼吸强度会随着温度的升高而增强，使果实提前进入到衰老的过程中。对一般水果而言，温度每升高 10℃，呼吸强度就增加一倍，温度超过 35～40℃时，呼吸强度反而下降，如果继续升高温度，果实中的酶就会被破坏，呼吸作用会停止。若温度过低，果粒内部结冰，严重影响贮藏质量。所以，在一定的温度范围内，呼吸强度是随着温度的降低而减弱，降低温度可以延迟呼吸高峰的出现，延长果实的贮藏期限。同时，低温抑制致病微生物的生长发育，也有利于延长贮藏期。

葡萄浆果的冰点在 -3℃ 左右，葡萄贮藏选择 -1～0℃ 的低温环境，既可以使葡萄生命活动降到最低限，又不会发生冻害，可以达到长期贮藏的目的。

（3）相对湿度对贮藏的影响　相对湿度表示在一定的温度条件下，空气中水蒸气的饱和度。葡萄果实在贮藏过程中，浆果仍然在不断地进行水分蒸发，如果果实得不到足够量的水分补充，浆果会因失水过多而出现萎蔫。在葡萄失水 1％～2％ 时，在外观上几乎看不出来，但当果实损失其原有水分的 5％ 时，浆果表面就明显地出现皱缩。果实失水不仅重量减轻，商品价值降低，而且浆果的呼吸作用也受到了影响，果肉内部酶的活性趋向于水解作用，从而影响贮藏果实的抗病性和耐贮性。浆果内部的相对湿度最少是 99％，因此，当果实贮藏在相对湿度低于 99％ 时，果实内部的水分就会蒸发到贮藏环境中去。所以，贮藏环境越干燥，水分蒸发越快，果

实失水的速度也越快，越容易使果实萎蔫。

采用塑料袋包装、穗梗封蜡、地面喷水等措施均可以有效地防止水分蒸发、保持果实鲜度。但湿度过大，也会增加微生物侵染的危险，因其果实发霉腐烂。因此，贮藏实践中，根据不同的贮藏方法，保持贮藏环境中一定的相对湿度，是提高贮藏效果的有效措施之一。

（4）气体成分对贮藏的影响　贮藏环境中的气体成分直接影响着果实的呼吸代谢，适当提高贮藏环境中的二氧化碳浓度、降低氧的浓度，可以有效地降低浆果的呼吸强度，延缓浆果的衰老过程，并能明显抑制霉菌的生长和蔓延。

以大型气调贮藏的理论为依据，利用封闭的塑料袋或塑料帐包装，也可以达到调节气体成分的目的。葡萄浆果在进行呼吸时，吸收氧气，放出二氧化碳，经过一定的时间，袋内氧的浓度会逐渐下降，二氧化碳的浓度逐渐升高，当二者的浓度达到一定比例时，就可以抑制葡萄果实的呼吸作用。

果实在贮藏过程中释放的乙烯能增强果实的呼吸作用，促进果实衰老，不利于果实的长期贮藏。不同种类的葡萄果实，乙烯的释放量有一定差异。美洲种和欧美杂交种释放量大于欧洲种。经保鲜剂二氧化硫和仲丁胺处理葡萄，乙烯含量明显降低。在贮藏中可以通过加乙烯吸收剂（高锰酸钾等）的方法吸收和减少乙烯的生成和释放量。

（5）保鲜药剂应用

A. 二氧化硫及其衍生物　市场上常见的贮藏保鲜剂有天津研制的 CT 型保鲜药片和辽宁生产的 S-M、S-P-M 保鲜片，现在这些保鲜片都是以二氧化硫和二氧化硫的盐类为主制作而成的，因为二氧化硫能抑制和杀灭霉菌，起到对水果保鲜防腐的作用，并对人、畜安全无毒。使用时用纸将保鲜片包装好，均匀放在贮藏容器内，每 5 千克葡萄放 8～10 片（每袋 2 片）再加仲丁胺固体剂 2 克，调好温度（−1～0℃）进行预冷 10～20 小时后封袋、封箱，再置于低温冷库贮藏保鲜，葡萄贮藏 4 个月以上好果率达 98%

以上。

B. 仲丁胺及其衍生物　仲丁胺又名二氨丁烷，是一种高效、低毒、广谱性熏蒸型的杀菌剂。仲丁胺是一种碱性的表面杀菌剂，在动物体内有吸收快、代谢快的特点，是无积累、低毒的化学防腐剂。对曲霉属、青霉属、丛梗孢属、囊孢属、疫霉属、根霉属等病菌均有杀死和抑制作用。但仲丁胺的应用无法控制释放速度，在运输保鲜和短期保鲜中应用效果较好。如长期保鲜要与二氧化硫保鲜剂配合使用，有明显的增效作用。使用仲丁胺注意勿与贮藏物体直接接触，否则将会产生药害；在绿色和有机产品的贮藏中不可用。

C. 生物防腐剂保鲜　生物防腐剂保鲜是一种以菌制菌的保鲜方法，已经成功应用于果蔬保鲜中。如纳他霉素属于抗真菌剂，可抑制酵母菌和霉菌，对人体健康无害，已被国际公认并将其用于食品的贮藏保鲜中。现有用纳他霉素处理采后玫瑰香葡萄后置于常温（25℃）贮藏中，抑制贮藏期间果粒和果梗的霉烂，显著抑制果实呼吸强度和失重率的上升速率，延迟好果率和果实硬度的下降。

D. 多糖用做生物保鲜膜剂　随着人们对化学保鲜剂保鲜引起的有害物质残留问题的高度关注，一种方法简便、成本低、无毒的涂膜保鲜技术被成功应用于葡萄果实贮藏保鲜中。多糖是一种全天然的可食性物质，无味、无毒，涂抹在葡萄上，能在果实表面形成一层无色透明的薄膜，阻止空气中微生物和气体进入果实，减少病原菌的为害；壳聚糖属于多糖，已在红地球葡萄中得到成功应用。

（6）其他影响因素　果实上的微生物的污染程度、贮藏室内空气的流通情况等对浆果的贮藏性也有影响。如果采收粗放，有较多的果实受到了损伤，或运输不及时使浆果受到了日晒或雨淋，使果实原有的抗病力削弱，不利于贮藏。采收过程中，病烂果的剔除不彻底或将已严重污染的果品用于贮藏，无疑会影响其耐贮性。

在贮藏室中，空气的流动速度对果实表面的水分丧失有关，过快的流速使果实表面失水较快；过低的流速，不利于保持贮藏室内二氧化硫的均匀度。所以，在隔热良好密闭的贮藏室内，要保持适当的空气流动速度。一般每分钟3～8米的流速就足够了。

2. 适宜的贮藏条件　适宜的贮藏条件是保证贮藏质量的关键。在生产和销售中，冷藏葡萄的温度控制在 0℃ 以下，在较长时期内，能保持良好的贮藏效果。如龙眼葡萄的贮藏温度为 −1～0℃。葡萄的结冰点在 −3～−2℃，若贮藏温度在结冰点以下，葡萄会发生冻害。因此稳定控制贮藏室内温度在 −1℃，有利于保证贮藏质量。葡萄是多汁水果，需要充分的水分保持其新鲜饱满状态，通常贮藏室内空气的相对湿度以 90%～95% 为宜。如果湿度低于 90%，穗轴及果梗很容易干枯。贮藏室内保持一定量的二氧化硫浓度有利于延长贮藏期，葡萄长期处于 30 毫克/千克（不同品种所需的浓度不同）的二氧化硫浓度条件下，可有效抑制贮藏期的真菌性病害的发生。

（二）贮藏保鲜技术

鲜食葡萄的贮藏保鲜技术是一项包括生态、生物、农业技术、化学、机械的综合系统工程，成功的贮藏，必须是各项技术的紧密配合和各项措施的严格实施。

1. 采前管理

（1）葡萄一次果品质好，商品价值高，贮藏应该以一次果为主，尽量不用二次果。

（2）果穗紧密的品种要进行疏花疏果，使果穗果粒紧密度适当。

（3）施肥以有机肥为主，控制氮肥的使用量，增施磷、钾、钙肥。

（4）采收前 10 天停止灌水，如遇雨，可推迟采收。

（5）加强病虫害防治，减少贮藏果实的病原。

（6）常规栽培中，为了保持果穗果梗新鲜，可在采前喷 100～250 毫克/千克萘乙酸或 50～100 毫克/千克萘乙酸加 1 毫克/千克赤霉素，或 5 毫克/千克 2,4-D 加 20～30 毫克/千克 2,4,5-T。

（7）葡萄必须充分成熟方能采收，采收时间应选择晴朗天气，以早晨或下午 3 点以后采收为宜。避免机械损伤。采收后及时剔出破裂、损伤、感染病害的果粒。

2. 采后处理　预冷是葡萄贮藏必不可少的第一道工序，预冷的方法因贮藏方法的不同而不一样，机械冷库贮藏可直接放置冷库预冷，在 24 小时内使果实温度降低到 3～5℃。各种土法贮藏可将葡萄放置在阴凉通风的地方，使其尽快散放田间热量。

3. 贮藏方法　贮藏葡萄的方法很多，应用得较多的有传统贮藏法、冷藏法和气调贮藏法。

（1）传统贮藏方式　传统的贮藏方式是在葡萄产地，用缸藏或采用各种形式的通气窖或通气库贮藏。贮藏室内的温度是随外界气温的下降而下降。应用此种方式贮藏的果品，质量不十分理想，但设备简单，成本低，也可以达到适当延长供应期的目的。所以这种贮藏方式在产地仍然采用。

A. 塑料袋简易贮藏法　用能装 2～3 千克的食品袋，装入挑选好的葡萄，随即把口扎好，放到冷凉的不住人的房间内贮藏，贮藏期间不要随意开口和挪动。用这种方法可贮藏 1～2 个月。

B. 缸藏法　用于缸藏的葡萄，需充分成熟、没有病虫害、穗形完整美观。并带 4～5 厘米长的果枝。贮藏前，将果穗整理一下，剔去病虫为害和碰伤的果粒、小青粒，并用蜡封果枝两端的剪口。将果实预冷 3～5 天之后，入缸贮藏。用于贮藏的缸，放入葡萄之前需用二氧化硫熏蒸，消毒杀菌后方可使用。把预冷过的葡萄一层一层地放入缸内，每放 2～3 层后用井字形木架架在缸内的腰部，架上铺纸后再放葡萄。装好缸后用塑料薄膜将缸口封好盖严。装好的缸放在不住人而又不太冷的屋内，避免阳光直接照射或烟熏。用这种方法贮藏的葡萄可贮到第二年的 2～3 月。

C. 窖藏法　用窖藏法贮藏葡萄是我国山西省的阴高、天镇，河北的阳原县，辽宁的熊岳、北镇，新疆的和田等葡萄产区普遍采用的方法。窖洞能维持较稳定的低温和较高的空气相对湿度，保存的葡萄新鲜度较好。但出入窖洞有所不便，所以只限于小规模贮藏。

其做法是，在背阴、高燥的地方，挖深 2.0～2.5 米，长 3～5 米，宽 2.5～3 米的窖。窖顶架上横梁，铺上秸秆，然后覆土 30～50 厘米。窖顶的中部每隔 1～2 米留一个内径 20 厘米的通气孔。通气孔高 50 厘米，用砖砌成。室内用木杆搭成支架，在支架上每隔 30 厘米平放一层葵花秆或木杆，绑扎结实。剪取果穗时带 1～2 节果枝，将葡萄挂在横杆之间，互不相靠。也可在窖里利用秫秸编成贮藏架，把葡萄穗轻轻摆放在分层架上贮藏。

当室内温度下降到 1℃左右时，将果穗入室贮藏。贮藏期间，室内温度需保持在 -1℃左右。要经常检查贮藏室内温度，当室外气温高时，室内的气温也高，需在晚间打开通气孔来调节窖温。如发现霉烂果穗，要随时取出，以避免污染其他果穗。

D. 室内贮藏法　室内贮藏法是新疆和田的群众常使用的方法。采用这种方法可将葡萄贮藏到次年 4 月份以后，并使 80％以上的浆果仍保持新鲜状态。

贮藏室应建在地势较高燥、通风好、地下水位较低、离葡萄园近的地方。贮藏室长 8 米、宽 4 米、高 4.5 米。四周墙厚 1 米，并在墙上每隔 1.5 米设有直径为 30～40 厘米的调气孔，孔的位置对准室内葡萄挂行的行间，上下排列以便空气对流。室顶设横梁，梁宽 20 厘米，梁上铺厚约 10 厘米的苇席和杂草，其上再压 20 厘米厚的泥土。室顶设两个天窗，通风换气之用。室门设在东西墙上或与住室相连。

葡萄入室之前，需将室内打扫干净，室内挂枝多为葡萄徒长枝，剪下后晒 2～3 天绑到横梁上。挂枝长 1～3 米，枝间距 20 厘米，距地面最少 40 厘米。

把充分成熟、无病虫害、无损伤的果穗吊在挂枝上，穗距 10 厘米左右，交错吊挂，以利于通风，减少霉烂。贮藏期间注意随气温变化开关调气孔调节室内温度和湿度。

（2）冷藏法　用冷藏库贮藏水果是目前广泛应用的贮藏食品的方法之一。选择的贮藏条件适宜，可以获得理想的贮藏效果。因为冷藏库内的温度、湿度可以满足不同水果的要求，再加上其他技术的应用，使鲜食葡萄的供应期越来越长，几乎可达到周年供应。葡萄在低温下，其生理活性受到抑制，物质消耗少，贮藏寿命可以得到延长。葡萄的适宜库温为－1～0℃。冷库内的相对湿度控制在90％～95％，可以减少果实表面失水，使浆果处于新鲜状态。但是由于湿度高，容易引起霉菌的繁殖和生长，招致果实霉烂。为了克服这一矛盾，一般采用施加防腐保鲜剂的方法，有很好的效果。除了温度、湿度对冷藏效果有影响之外，冷库内空气的流速、贮藏品种的成熟度以及所贮藏葡萄的品种、是否预冷及二氧化硫处理等都关系到冷藏的效果。所以要达到理想的冷藏效果，必须认真做好每一步工作。

冷库贮藏最佳温度为 0～1.5℃、相对湿度 90％～95％，库房内温度、湿度要尽可能均匀。果实采后立即用 1 000毫克/千克萘乙酸溶液浸泡 15 秒，取出装入 0.07 毫米厚的聚乙烯薄膜袋中，袋内可放几片保鲜剂。膜袋装箱或筐后入库，将箱或筐交叉叠高，并留有通风道。罩上塑料薄膜罩。码好箱或筐后库房消毒，充入二氧化硫气体（二氧化硫的体积占罩内气体的 0.5％为宜）熏蒸 20～30 分钟，开罩通风，以后每隔 15 天熏蒸 1 次，二氧化硫的浓度可降至 0.1％～0.2％，效果较好，不伤果实。

（3）气调贮藏法　气调贮藏法是通过调整气体中各成分的比例，达到较理想的贮藏效果。当浆果在最适的温度和相对湿度下，降低氧的含量，升高二氧化碳的浓度会延长葡萄的贮藏寿命。适宜葡萄贮藏的气体成分比是，二氧化碳为 3％，氧气为 3％～5％。但不同的葡萄品种所需的气体成分比会有所不同。如'玫瑰香'最适为 8％的二氧化碳和 3％～5％的氧，'意大利'为 5％～8％的二氧化碳和 3％～5％的氧。

气调库和冷藏库一样，要求有良好的隔热保温层和防潮层，库房内要有足够的制冷能力和空气循环系统。一般气调库比冷调库要小一些，因为产品入库后要求尽快装满密封。另外，气调库要有很好的气密性，防止漏气。

气调库建设成本较高，目前国内应用较多的是在冷藏库或其他

贮藏场所采用塑料薄膜袋（帐）进行贮藏，即果实贮存在密封的塑料袋（帐）中，由于果实自身的呼吸作用，消耗氧而放出二氧化碳，形成一个自发的气调环境，抑制果实的呼吸代谢和衰老过程。由于这种贮藏方法气体成分不能精确控制，所以一般叫做"限期贮藏"（MA）。

（4）几种处理相结合的贮藏方法

近年来，随着消费者对食品安全的日益关注，一种绿色环保的贮藏保鲜方法兴起，即辐照保鲜技术。此方法是通过照射诱导果实，不但能降低果实的呼吸速率，消除贮藏环境中的乙烯气体，杀死病菌，还能提高果实自身抗病性，减轻采后腐烂损失，延缓果蔬的成熟衰老，延长其贮藏保鲜期，是一种无化学残留、方法简单而又不损伤果实的贮藏方法。选择适当剂量的辐射处理或者与其他技术（如冷藏等）结合使用，能有益于葡萄的贮藏保鲜。研究表明，辐照检疫处理剂量为400～600戈瑞对葡萄呼吸强度、硬度和糖酸度等贮藏品质效果较好。现在无核白葡萄的贮藏中用10戈瑞和20戈瑞的γ射线处理的效果最好，不易发生褐变。

臭氧（O_3）具有杀菌作用，用于果实贮藏保鲜，可以降低果实的腐烂率，减慢果实硬度下降，延缓果实成熟衰老。有研究表明，冷藏葡萄果实采后经O_3处理后5℃贮藏，选择八成熟果实的保鲜效果最好。浓度为81.41毫克/米³的O_3处理葡萄果实可有效抑制其呼吸强度，延缓葡萄成熟衰老进程，减少了贮藏过程中的腐烂变质现象。

4. 绿色产品的贮藏

（1）需进行长期贮藏的葡萄必须进行预冷，在短时间内把葡萄体温降到5℃，以利于贮藏。

（2）存放时必须在阴凉、通风、清洁、卫生的地方进行，严防日晒、雨淋、冻害及有毒物和病虫害污染。

（3）长中期贮藏保鲜，应在常温库和恒温库中进行，库内堆码应保证气流均匀地通过，出售时应基本保证果实原有的色、香、味。

5. 有机产品的贮藏

（1）仓库应清洁卫生、无有害生物、无有害物质残留，7 天内未经任何禁用物质处理过。

（2）允许使用常温贮藏、气调、温度控制、干燥和湿度调节等贮藏方法。

（3）有机产品尽可能单独贮藏。与常规产品共同贮藏时，应在仓库内划出特定区域，并采取必要的包装、标签等措施，确保有机产品和常规产品的识别。

（4）应保留完整的出入库记录和票据。

参考文献

晁无疾 . 2003. 葡萄优新品种及栽培原色图谱［M］. 北京：中国农业出版社 .

陈伦寿，等 . 1994. 果树配方施肥技术问答［M］. 北京：中国农业出版社 .

贺普超，罗国光 . 1994. 葡萄栽培学［M］. 北京：中国农业出版社 .

贺普超 . 1999. 葡萄学［M］. 北京：中国农业出版社 .

李明娟，游向荣，等 . 2013. 葡萄果实采后生理及贮藏保鲜方法研究进展［J］. 北方园艺（20）：173 - 178.

刘捍中 . 2004. 葡萄优良品种高效栽培［M］. 北京：中国农业出版社 .

刘学文，聂思政，等 . 2003. 葡萄无公害生产技术［M］. 北京：中国农业出版社 .

罗国光 . 2004. 葡萄整形修剪和设架［M］. 2 版：北京：中国农业出版社 .

邱强 . 2001. 原色葡萄病虫害图谱［M］. 北京：中国科学技术出版社 .

修德仁，胡云峰 . 2004. 葡萄贮运保鲜实用技术［M］. 北京：中国农业科技出版社 .

徐海英 . 2001. 葡萄产业配套栽培技术［M］. 北京：中国农业出版社 .

严大义 . 1989. 葡萄生产技术大全［M］. 北京：农业出版社 .

图书在版编目（CIP）数据

葡萄标准化栽培 / 徐海英等编著 . —2 版 . —北京：
中国农业出版社，2014.12（2017.3 重印）
（最受欢迎的种植业精品图书）
ISBN 978-7-109-19781-7

Ⅰ . ①葡…　Ⅱ . ①徐…　Ⅲ . ①葡萄栽培　Ⅳ .
①S663.1

中国版本图书馆 CIP 数据核字（2014）第 273814 号

中国农业出版社出版
（北京市朝阳区麦子店街 18 号楼）
（邮政编码 100125）
责任编辑　张　利
————————————
中国农业出版社印刷厂印刷　　新华书店北京发行所发行
2015 年 1 月第 2 版　　2017 年 3 月第 2 版北京第 3 次印刷
————————————
开本：880mm×1230mm　1/32　印张：6.5　插页：2
字数：160 千字
定价：16.00 元
（凡本版图书出现印刷、装订错误，请向出版社发行部调换）